全国中等职业学校电工类专业通用
全国技工院校电工类专业通用（中级技能层级）

电工基础（第六版）习题册

邵展图　主编

中国劳动社会保障出版社

简　介

本习题册是全国中等职业学校电工类专业通用教材/全国技工院校电工类专业通用教材（中级技能层级）《电工基础（第六版）》的配套用书。习题册按照教材章节编排，内容紧扣教材的教学要求，注重基础知识的巩固和基本能力的培养，知识点分布均衡，题型丰富，难易适当，有助于学生复习巩固所学知识。

本习题册由邵展图主编，沈巧兰、何薇参加编写。

图书在版编目(CIP)数据

电工基础（第六版）习题册/邵展图主编. -- 北京：中国劳动社会保障出版社，2020

全国中等职业学校电工类专业通用　全国技工院校电工类专业通用. 中级技能层级

ISBN 978 - 7 - 5167 - 4684 - 4

Ⅰ.①电…　Ⅱ.①邵…　Ⅲ.①电工学-习题集　Ⅳ.①TM1 - 44

中国版本图书馆 CIP 数据核字(2020)第 219939 号

中国劳动社会保障出版社出版发行

（北京市惠新东街 1 号　邮政编码：100029）

*

河北燕山印务有限公司印刷装订　　新华书店经销

787 毫米×1092 毫米　16 开本　4.75 印张　102 千字

2020 年 11 月第 1 版　　2025 年 11 月第 11 次印刷

定价：11.00 元

营销中心电话：400-606-6496

出版社网址：http://www.class.com.cn

http://jg.class.com.cn

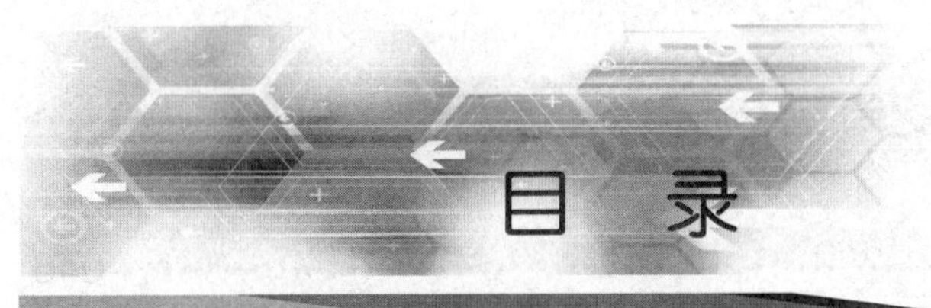

目　录

第一章　电路基础知识

第二章　简单直流电路的分析

第三章　复杂直流电路的分析

第四章　磁场与电磁感应

第五章　单相交流电路

第六章　三相交流电路

第一章　电路基础知识

§1－1　电路和电路图

一、填空题（将正确的答案填在横线上）

1. ________流通的路径称为电路，电路通常由______、______、________和______组成。

2. 电路的基本功能有两大类：一是________________________，二是________________________。

3. 广义上的电路图主要有__________、__________、__________等。

4. 在一定条件下对实际电气元件加以理想化，只考虑其中起主要作用的某些性能，则称其为__________。

二、问答题

1. 电路主要由哪几部分组成？它们的主要功能是什么？

2. 什么是电路模型？

三、填表、画图题

1. 识别表 1－1 中的电气元件，写出其对应的名称、图形符号和文字符号。

表 1－1

名称	外形	图形符号	文字符号

续表

名称	外形	图形符号	文字符号

2．根据图 1－1 所示实物接线图画出电路原理图。

实物接线图：

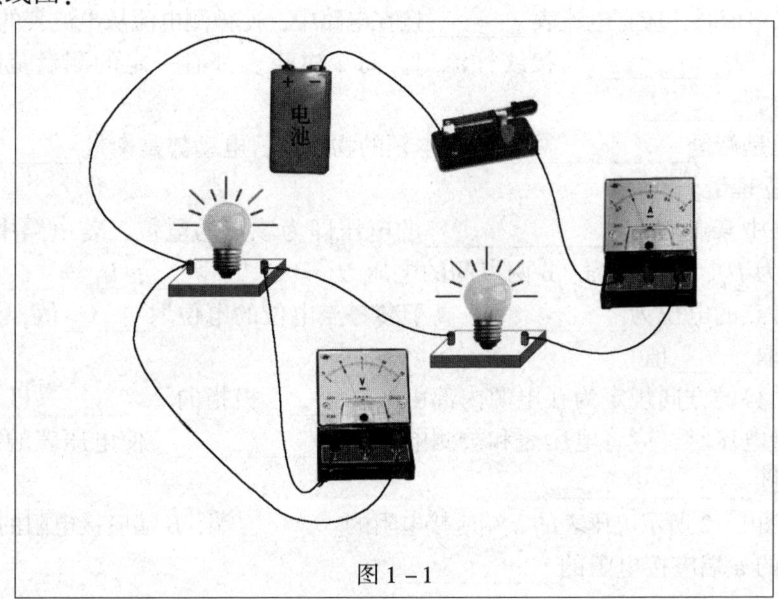

图 1－1

电路原理图：

§1－2 电流和电压

一、填空题（将正确的答案填在横线上）

1．习惯上规定________电荷移动的方向为电流的方向，因此在金属导体中，电流的方向实际上与电子移动的方向__________。

2．电流分___________和__________两大类，凡____________________________的电流称为_______________，简称__________，用符号______表示；凡__________________________的电流称为______________，简称__________，用符号________表示。

3．若 3 min 通过导体横截面的电荷量是 1.8 C，则导体中的电流是________A。

4．测量电流时，应将电流表________接在电路中，使被测电流从电流表的_________接线柱流进，从___________接线柱流出。每个电流表都有一定的测量范围，称为电流表的______________。

5．电压是衡量_____________做功本领的物理量；电动势是衡量_______________做功本领的物理量。

6．电路中某点与________________的电压即为该点的电位，若电路中 a、b 两点的电位分别为 U_a、U_b，则 a、b 两点间的电压 U_{ab} = __________；U_{ba} = __________。

7．参考点的电位为_________，高于参考点电位的电位取______值，低于参考点电位的电位取______值。

8．电动势的方向规定为在电源内部由__________极指向__________极。

9．测量电压时，应将电压表和被测电路______________，使电压表的接线柱和被测电路的极性______________。

10．如图 1－2 所示电压表的 a 端应接电阻的_______端，b 端应接电阻的_________端。电流表的 a 端应接电阻的___________端。

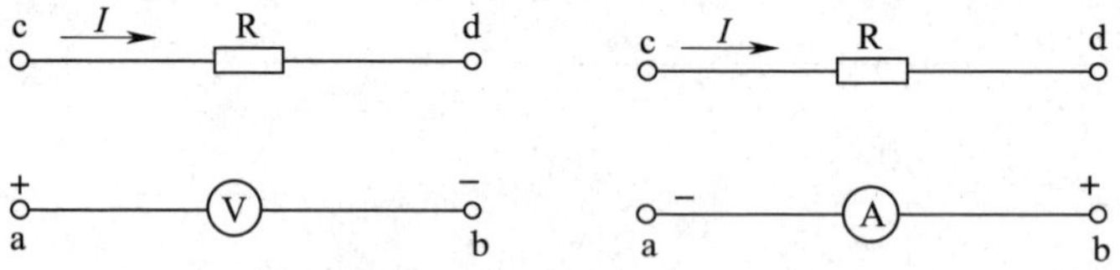

图 1－2

二、判断题（在括号中填"√"或"×"）

1．电荷定向有规则的移动形成电流。（ ）

2．金属导体中，电子移动的方向就是电流的方向。（ ）

3．电压和电位都随参考点的变化而变化。（ ）

4．对于负载来说，规定电流流进端为电压的负端，电流流出端为电压的正端。（ ）

5. 电路中的某一点不一定有电位。 （ ）

6. 在电子仪器和设备中，常把金属外壳与电路的公共节点的电位规定为零电位。 （ ）

7. 电路中的电位差是电流作用的结果。 （ ）

8. 电动势是衡量电源将非电能转换成电能本领的物理量。 （ ）

三、选择题（将正确选项填入括号中）

1. 下列关于电流的说法正确的是（ ）。

A. 通过的电量越多，电流就越大

B. 通电时间越长，电流就越大

C. 通电时间越短，电流就越大

D. 通过一定电量时，所需时间越短，电流就越大

2. 电路中两点间的电压高，则表明（ ）。

A. 两点的电位都高

B. 两点的电位都大于零

C. 两点间的电位差大

D. 两点的电位中至少有一个大于零

3. 下列关于电动势的说法正确的是（ ）。

A. 电动势的方向由正极经电源内部指向负极

B. 电动势的方向由负极经电源内部指向正极

C. 电源电动势就是电源的端电压

D. 电源电动势的大小受外电路的影响

四、问答题

1. 电路中存在持续电流的条件是什么？

2. 电源内部电荷移动和电源外部电荷移动的原因有何异同？

3. 用电流表测量电流时，有哪些注意事项？

五、计算题

1. 在5 min时间内，通过导体横截面的电荷量为3.6 C，电流是多少安？合多少毫安？

2. 如图1－3中，当选c点为参考点时，已知：$U_a = -6\ \text{V}$，$U_b = -3\ \text{V}$，$U_d = -2\ \text{V}$，$U_e = -4\ \text{V}$。求：

（1）U_{ab}、U_{cd}各是多少？

（2）选d点为参考点，再求各点电位。

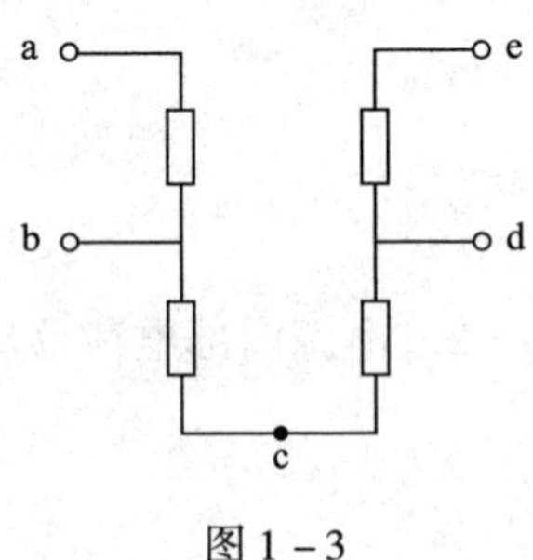

图1－3

§1－3 电 阻

一、填空题（将正确的答案填在横线上）

1. 物质根据导电能力的强弱，一般可分为________、________和__________。

2. 导体对电流的__________作用称为电阻。

3. 均匀导体的电阻与导体的长度成_______比，与导体的横截面积成_____比。

4. 电阻率的大小反映了物质的_______能力。电阻率小，说明物质导电能力_______（填“强”或“弱”）；电阻率大，说明物质导电能力__________（填“强”或“弱”）。

5. 电阻率的倒数称为__________，用符号_______表示，单位是_______。它表示电流通过的难易程度，其数值越大，表示电流越__________通过。

6. 合金的电阻率__________，常用来作为制作__________、电炉电阻丝的材料。

7. 电阻器的主要参数有____________、____________、____________。

8. 电阻值随温度升高而减小的热敏电阻称为_______温度系数的热敏电阻，电阻值随温度升高而增大的热敏电阻称_______温度系数的热敏电阻。

二、判断题（在括号中填“√”或“×”）

1. 导体在通过电流的同时也对电流起着阻碍作用。（ ）

2. 导体的长度和截面积都增大一倍，其电阻值也增大一倍。（ ）

3. 电阻两端电压为 10 V 时电阻值为 100 Ω，当电压升至 20 V 时，电阻值升为 200 Ω。（ ）

4. 用万用表测量电阻时，每换一次量程，都应重新调一次零。（ ）

三、选择题（将正确选项填入括号中）

1. 一段导线的电阻为 R，若将其从中间对折合并成一条新导线，其阻值为（ ）。

A. $R/2$　　B. R　　C. $R/4$　　D. $R/8$

2. 甲、乙两导体由同种材料做成，长度之比为 3∶5，直径之比为 2∶1，则它们的电阻之比为（ ）。

A. 12∶5　　B. 3∶20　　C. 7∶6　　D. 20∶3

3. 制造标准电阻器的材料一定是（ ）。

A. 高电阻率材料　　B. 低电阻率材料

C. 高温度系数材料　　D. 低温度系数材料

4. 导体的电阻是导体本身的一种性质，以下说法错误的是（ ）。

A. 和导体的面积有关　　B. 和导体的长度有关

C. 和环境温度无关　　D. 和材料性质有关

5. 下列有关用万用表测量电阻的说法中，正确的是（ ）。

A. 刻度是线性的

B. 指针偏转到最右端时，电阻为无穷大

C. 指针偏转到最左端时，电阻为无穷大

D. 未测量时指针停在零刻度线处

6. 用万用表欧姆挡测量未知电阻时，把选择开关置于 R×100 挡，测量时指针指示在图 1-4 所示位置，为了较准确地测出未知电阻的值，在如下可能的操作中，应继续操作的步骤是（　　）。

A. 将选择开关置于 R×10 挡

B. 将选择开关置于 R×10 挡，并重新调零

C. 将选择开关置于 R×10 k 挡，并重新调零

D. 将选择开关置于 R×1 k 挡，并重新调零

图 1-4

四、问答题

1. 用万用表测电阻时，应注意哪几点？

2. 测量电阻时按图 1-5 所示方式操作，是否正确？为什么？

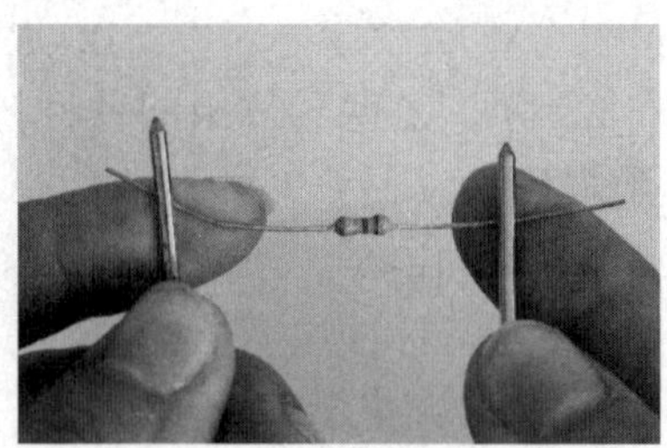
图 1-5

3．图 1－6 所示色环电阻图，分别指出所表示的阻值及允许偏差。

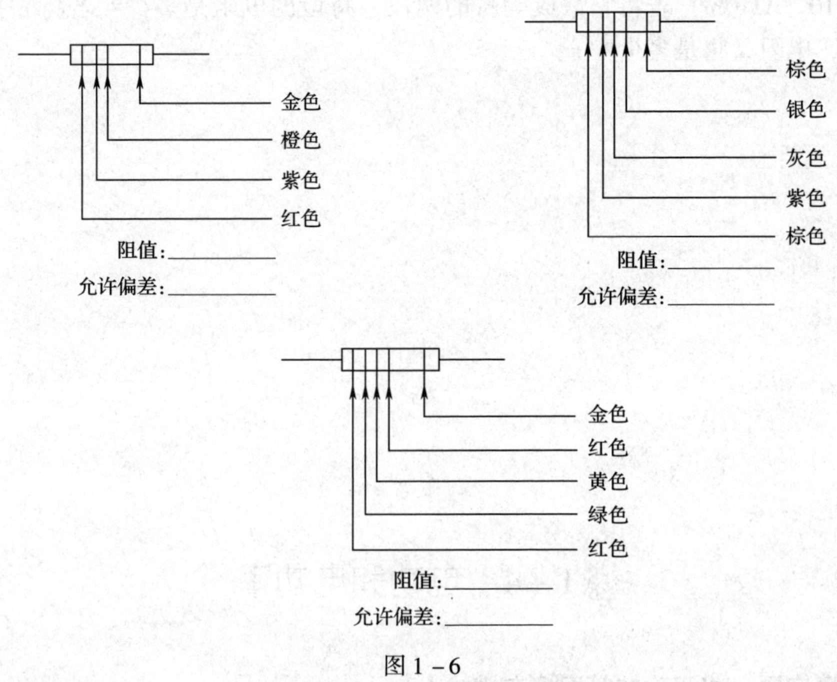

图 1－6

五、计算题

1．有一段导线，电阻是 8 Ω，如果把它对折起来作为一条导线使用，电阻值是多少？如果把它均匀拉伸，使它的长度变为原来的两倍，电阻值又是多少？

2．一条铜导线长 300 m（铜的电阻率为 1.75×10^{-8} Ω·m），横截面积是 12.75 mm，这段铜导线的电阻有多大？如果使这段导线的电阻控制在 0.10 Ω 以内，那么导线的横截面积至少应为多少？

3. 一根铜导线长 $l=20$ m，截面积 $S=2$ mm²，导线的电阻是多少？（铜的电阻率为 $1.75\times10^{-8}\ \Omega\cdot\mathrm{m}$）若将它截成等长的两段，每段的电阻是多少？若将它拉长为原来的两倍，电阻又将是多少？

§1－4　电功和电功率

一、填空题（将正确的答案填在横线上）

1. 电流所做的功称为________，用字母______表示，单位是______；电流在单位时间内所做的功称为________，用字母______表示，单位是______。

2. 除焦耳外，日常生活中常使用的另一个电能的单位是________，它和焦耳的换算关系为__________。

3. 电流通过导体时使导体发热的现象称为__________，所产生的热量用字母______表示，单位是______。

4. 电流通过一段导体所产生的热量与________成正比，与导体的________成正比，与__________成正比。

5. 电气设备在额定功率下的工作状态称为______工作状态，也称为________；低于额定功率的工作状态称为__________；高于额定功率的工作状态称为________或__________，一般不允许出现________。

6. 在 4 s 内供给 6 Ω 电阻的能量为 2 400 J，则该电阻两端的电压为______V。

7. 若灯泡电阻为 24 Ω，通过灯泡的电流为 100 mA，则灯泡在两小时内所做的功是______J，合______度。

8. 一个 220 V/100 W 的灯泡，其额定电流为______A，电阻为______Ω。

二、判断题（在括号中填“√”或“×”）

1. 负载在额定功率下的工作状态称为满载。（　　）

2. 功率越大的电器电流做的功越大。（　　）

3. 把 25 W/220 V 的灯泡接在 1 000 W/220 V 发电机上时，灯泡会烧坏。（　　）

4．通过电阻上的电流增大到原来的 2 倍时，它所消耗的功率也增大到原来的 2 倍。（　　）

5．两个额定电压相同的电炉，$R_1 > R_2$，因为 $P = I^2 R$，所以电阻大的功率大。（　　）

三、选择题（将正确选项填入括号中）

1．为使电炉上消耗的功率减小到原来的一半，应（　　）。

A．使电压加倍　B．使电压减半　C．使电阻加倍　D．使电阻减半

2．12 V/6 W 的灯泡接入 6 V 电路中，通过灯丝的实际电流是（　　）。

A．1 A　B．0.5 A　C．0.25 A　D．0.125 A

3．12 V/30 W 的灯泡接入某电路中，测得通过灯丝的电流为 1 A，则它的实际功率（　　）。

A．等于 6 W　B．小于 6 W　C．大于 6 W　D．无法判断

4．220 V 的照明用输电线，每根导线电阻为 1 Ω，电流为 10 A，则 10 min 内可产生热量（　　）。

A．1×10^4 J　B．6×10^4 J　C．6×10^3 J　D．1×10^3 J

5．1 度电可供 220 V/40 W 的灯泡正常发光的时间是（　　）。

A．20 h　B．40 h　C．45 h　D．25 h

四、问答题

1．为什么家庭照明灯在夜深人静时要比晚上七八点钟时亮？

2．有人说“电流大功率就大”，这种说法对吗？

3．若使用中不慎将干电池正负极短接，一段时间后，电池会发热，这是为什么？

五、计算题

1. 有一电阻为 1 210 Ω 的电烙铁，接在 220 V 的电源上，使用 2 h 能产生多少热量？

2. 有两个长度相同，均由圆截面铜导线制成，且接在相同电压上的电阻器，已知一种铜导线的直径为另一种铜导线的 2 倍，求两个电阻器所消耗的功率比。

3. 一台 1 kW/220 V 的小型电炉，需要串联一只电阻器调节炉温，要求功率调节范围为 250 ~ 1 000 W，应如何选择变阻器的阻值变化范围？

4. 一电解槽，两极间的电阻为 0.1 Ω，若在两极间加 25 V 的电压，通过电解槽的电流为 10 A，求：

（1）1 min 内，电解槽共从电路吸收多少电能？

（2）其中有多少转化为热能？

第二章　简单直流电路的分析

§2－1　全电路欧姆定律

一、填空题（将正确的答案填在横线上）

1. 导体中的电流与这段导体两端的________成正比，与导体的________成反比。

2. 闭合电路中的电流与电源的电动势成________比，与电路的总电阻成________比。

3. 全电路欧姆定律又可表述为：在一个闭合回路中，电源电动势等于____________和____________之和。

4. 电源____________随______________变化的关系称为电源的外特性。

5. 电路通常有__________、__________和________三种状态。

6. 两个电阻的伏安特性如图 2－1 所示，则 R_a 比 R_b______（填“大”或“小”），R_a =______，R_b =________。

7. 如图 2－2 所示，在 $U=0.5$ V 处，R_1____R_2（填“>”“=”或“<”），其中 R1 是________性电阻，R2 是________性电阻。

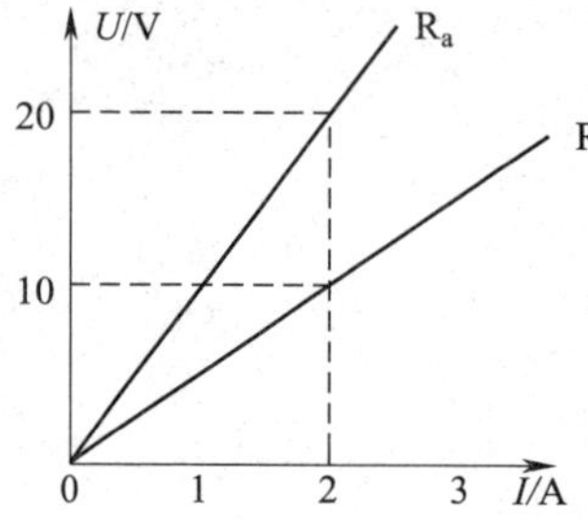

图 2－1 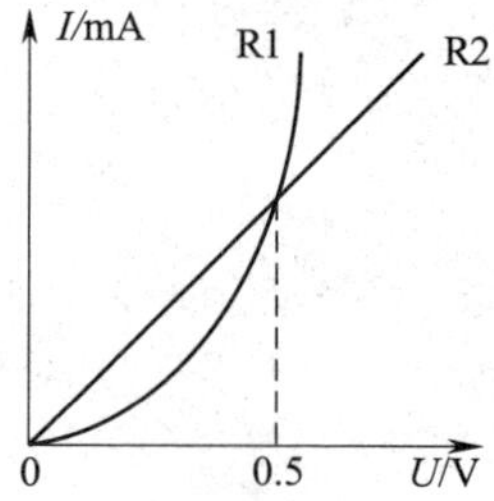　　　　图 2－2

8. 已知电炉电阻丝的电阻是 44 Ω，通过的电流是 5 A，则电炉所加的电压是______V。

9. 电源电动势 $E=4.5$ V，内阻 $r=0.5$ Ω，负载电阻 $R=4$ Ω，则电路中的电流 I =________A，端电压 U =________V。

10. 一个电池和一个电阻组成了最简单的闭合回路。当负载电阻的阻值增加到原来的 3 倍，电流变为原来的一半，则原来内、外电阻的阻值比为________。

11. 通常把__________________的负载称为小负载，把________________________的负载称为大负载。

二、判断题（在括号中填“√”或“×”）

1. 当电源的内阻为零时，电源电动势的大小就等于电源端电压。　　（　　）

2. 当电路开路时，电源电动势的大小为零。（ ）

3. 在通路状态下，负载电阻变大，端电压就变大。（ ）

4. 在短路状态下，电压降等于零。（ ）

5. 在电源电压一定的情况下，电阻大的负载是大负载。（ ）

6. 负载电阻越大，在电路中所获得的功率就越大。（ ）

三、选择题（将正确选项填入括号中）

1. 用电压表测得电路端电压为0，这说明（ ）。

A. 外电路断路　　B. 外电路短路

C. 外电路上电流比较小　　D. 电源内电阻为零

2. 电源电动势是2 V，内电阻是0.1 Ω，当外电路断路时，电路中的电流和端电压分别是（ ）。

A. 0、2 V　　B. 20 A、2 V　　C. 20 A、0　　D. 0、0

3. 上题中当外电路短路时，电路中的电流和端电压分别是（ ）。

A. 20 A、2 V　　B. 20 A、0　　C. 0、2 V　　D. 0、0

四、计算题

1. 有一灯泡接在220 V的直流电源上，此时灯泡的电阻为484 Ω，求通过灯泡的电流。

2. 某太阳能电池板不接负载时的电压是600 μV，短路电流是30 μA，求这块电池板的内阻。

3. 某人误触 220 V 电源裸导线，如果其身体的电阻为 1 000 Ω，则通过其身体的电流是多少安？通过人体的电流超过 50 mA 时就会危及人的生命，此人是否安全？

4. 如图 2－3 所示，已知 $E=10$ V，$r=0.1$ Ω，$R=9.9$ Ω。求开关 S 在不同位置时电流表和电压表的读数。

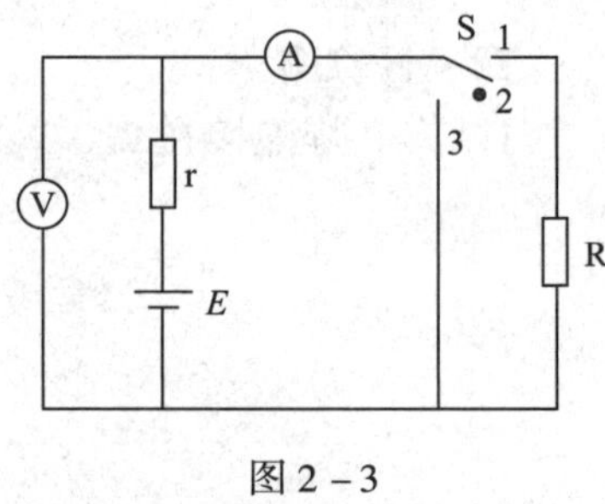

图 2－3

5. 某电源的外特性曲线如图 2－4 所示，求此电源的电动势 E 及内阻 r。

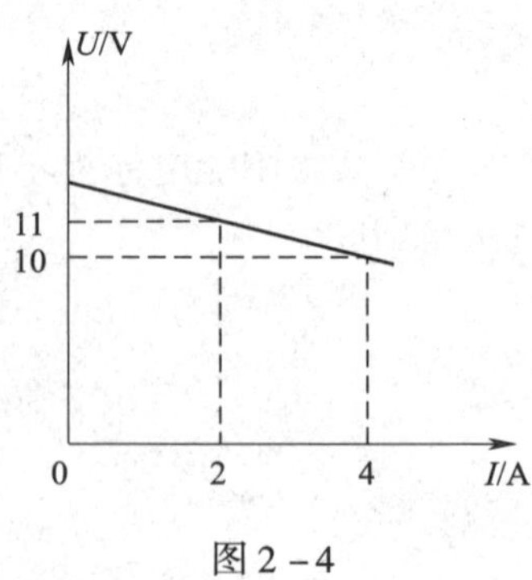

图 2－4

§2-2 电阻的连接

一、填空题（将正确的答案填在横线上）

1. 电阻串联可获得阻值__________的电阻，可限制和调节电路中的__________，可构成________，还可扩大电表测量__________的量程。电阻并联可获得阻值____________的电阻，还可以扩大电表测量_________________的量程，_________________相同的负载都采用并联的工作方式。

2. 有两个电阻 R1 和 R2，已知 $R_1:R_2=1:2$，若它们在电路中串联，则两电阻上的电压比 $U_{R1}:U_{R2}=$________，两电阻上的电流比 $I_{R1}:I_{R2}=$________；若它们在电路中并联，则两电阻上的电压比 $U_{R1}:U_{R2}=$_________，两电阻上的电流比 $I_{R1}:I_{R2}=$________。

3. 如图 2-5 所示电路中，$R_1=2R_2$，$R_2=3R_3$，R_3两端的电压为 10 V，则电源电动势 $E=$__________V。

4. 如图 2-6 所示电路中，$R_2=R_4$，$U_{AD}=120$ V，$U_{CE}=80$ V，则 A、B 间电压 $U_{AB}=$__________V。

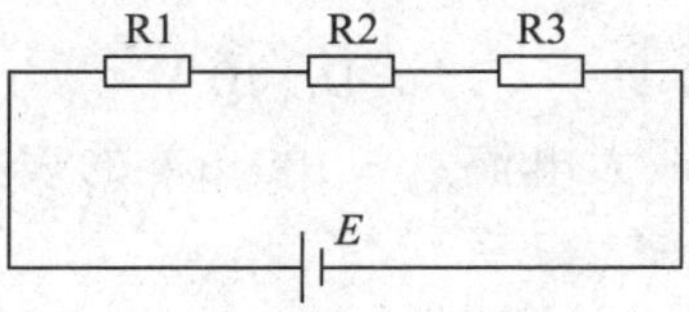

图 2-5

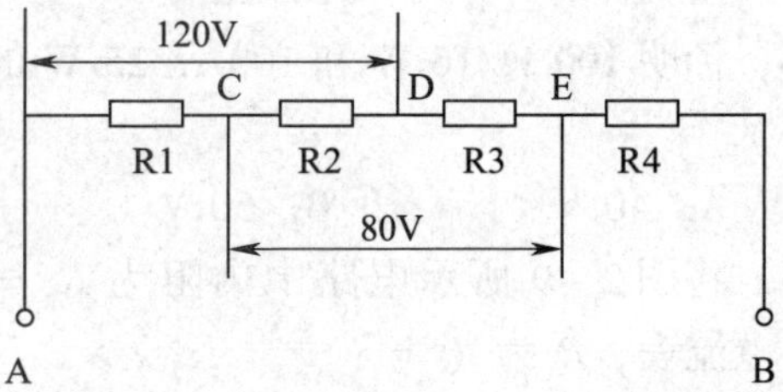

图 2-6

5. 两个并联电阻，其中 $R_1=200\ \Omega$，通过 R1 的电流 $I_1=0.2$ A，通过整个并联电路的电流 $I=1.2$ A，则 $R_2=$________Ω，R_2中的电流 $I_2=$__________A。

6. 如图 2-7 所示电路，流过 R2 的电流为 3 A，流过 R3 的电流为__________A，这时 E 为____________V。

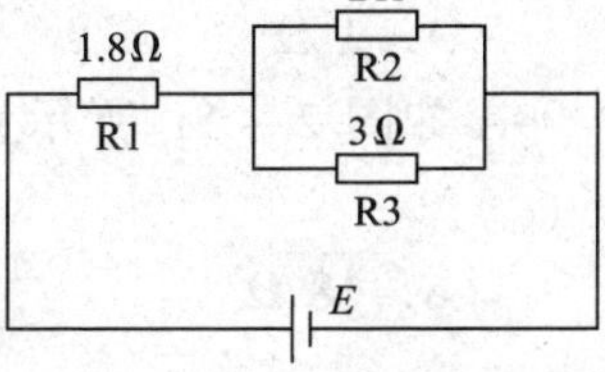

图 2-7

二、判断题（在括号中填"√"或"×"）

1. 几个电阻并联后的总电阻值一定小于其中任一个电阻的阻值。（ ）

2. 两个电阻 $R_1=10\ \Omega$，$R_2=10\ \text{k}\Omega$，二者阻值相差悬殊，在计算时可以把其中一个忽略不计：

（1）若 R1 与 R2 串联，可忽略 R1。（ ）

（2）若 R1 与 R2 并联，可忽略 R1。（ ）

3. 在电阻分压电路中，电阻值越大，其两端的电压就越高。（ ）

4. 在电阻分流电路中，电阻值越大，流过它的电流就越大。（ ）

三、选择题（将正确选项填入括号中）

1．灯 A 的额定电压为 220 V，功率为 40 W；灯 B 的额定电压为 220 V，功率为 100 W。两灯类型一致，相同功率下亮度相同。若把它们串联接到 220 V 电源上，则（　　）。

A．灯 A 较亮　　B．灯 B 较亮　　C．两灯一样亮　　D．无法确定

2．标明 100 Ω/4 W 和 100 Ω/25 W 的两个电阻串联时，允许加的最大电压是（　　）。

A．40 V　　B．100 V　　C．140 V　　D．70 V

3．如图 2－8 所示电路中，开关 S 闭合与打开时，电阻 R 上电流之比为 3∶1，则 R 的阻值为（　　）。

A．120 Ω　　B．60 Ω

C．40 Ω　　D．240 Ω

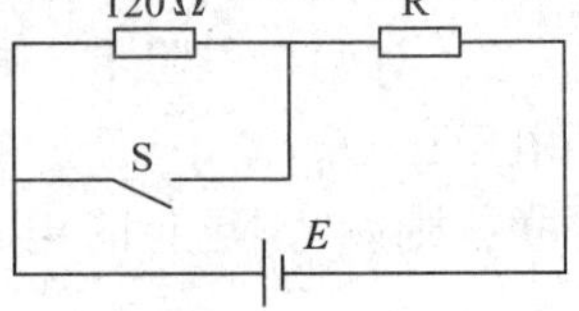

图 2－8

4．给内阻为 9 kΩ、量程为 1 V 的电压表串联电阻后，量程扩大为 10 V，则串联电阻为（　　）。

A．1 kΩ　　B．90 kΩ　　C．81 kΩ　　D．99 kΩ

5．已知 $R_1>R_2>R_3$，若将此三只电阻并联接在电压为 U 的电源上，获得最大功率的电阻将是（　　）。

A．R1　　B．R2　　C．R3　　D．一样大

6．标明 100 Ω/16 W 和 100 Ω/25 W 的两个电阻并联时两端允许加的最大电压是（　　）。

A．40 V　　B．50 V　　C．90 V　　D．10 V

7．将图 2－9 所示电路中内阻为 $R_g=1$ kΩ、最大电流 $I_g=100$ μA 的表头改为 1 mA 电流表，R_1 为（　　）。

A．100/9 Ω　　B．90 Ω　　C．99 Ω　　D．1 000/9 Ω

8．如图 2－10 所示电路中，电阻 R 的阻值为（　　）。

A．1 Ω　　B．5 Ω　　C．7 Ω　　D．6 Ω

9．如图 2－11 所示，已知 $R_1=R_2=R_3=12$ Ω，则 A、B 间的总电阻应为（　　）。

A．18 Ω　　B．4 Ω　　C．0　　D．36 Ω

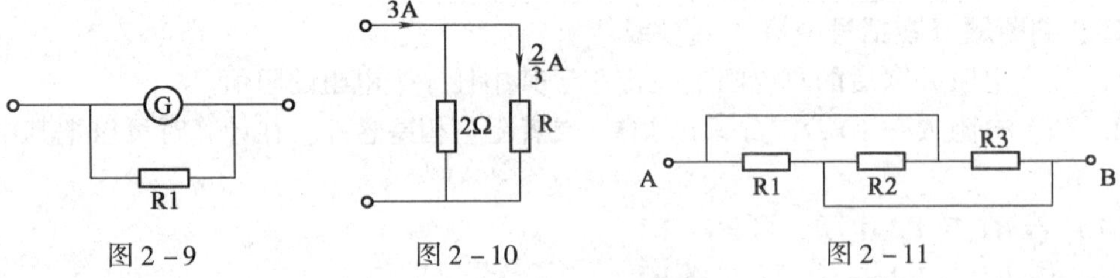

图 2－9　　图 2－10　　图 2－11

10．如图 2－12 所示电路中，电源电压是 12 V，四只额定功率相同的灯泡工作电压都是 6 V，要使灯泡正常工作，接法正确的是（　　）。

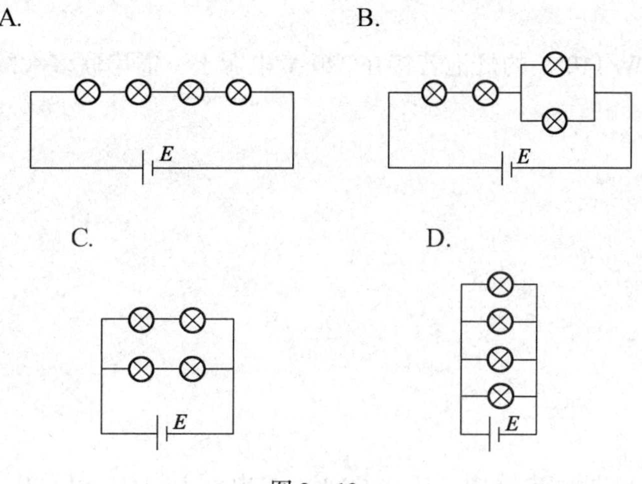

图 2－12

四、问答题

1. 在 6 个灯泡串联的电路中，除 2 号灯不亮外，其他 5 个灯都亮。当把 2 号灯从灯座上取下后，剩下 5 个灯仍亮，该电路中有何故障？为什么？

2. 如图 2－13 所示是一个万用表的电路示意图，电流、电压、电阻各有两个量程。开关 S 调到哪两个位置上测量的是电流？调到哪两个位置上测量的是电压？调到哪两个位置上测量的是电阻？在测量电流和电压时两个位置中哪个位置的量程比较大？（在识别 3 ~6 挡电路时，可以把虚线框内的电路看作一个电流表）

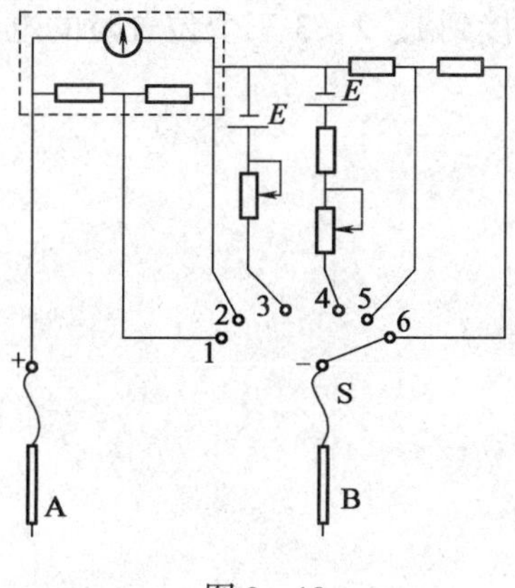

图 2－13

五、计算题

1．一只 60 W/110 V 的灯泡若接在 220 V 电源上，需串联多大的降压电阻？

2．如图 2－14 所示电路中，$U_{ab}=60$ V，总电流 $I=150$ mA，$R_1=1.2$ kΩ，求：

（1）通过 R1、R2 的电流 I_1、I_2的值。

（2）电阻 R2 的大小。

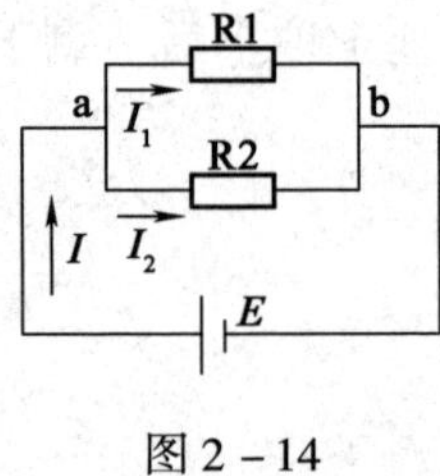

图 2－14

3．如图 2－15 所示，$E=10$ V，$R_1=200$ Ω，$R_2=600$ Ω，$R_3=300$ Ω，求开关分别接到 1、2、3 三个位置时的电压表读数。

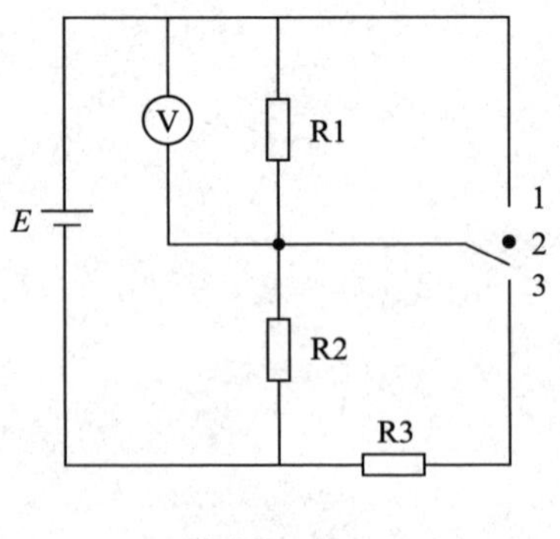

图 2－15

4．如图2－16所示，$R_1=500\ \Omega$，$R_2=R_3=600\ \Omega$，$R_4=200\ \Omega$，先画出等效电路，再求R_{AB}。

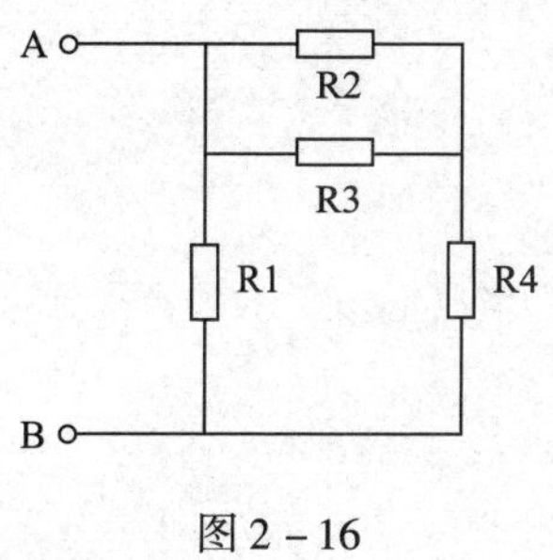

图2－16

§2－3 直流电桥

一、填空题（将正确的答案填在横线上）

1．直流电桥的平衡条件是____。

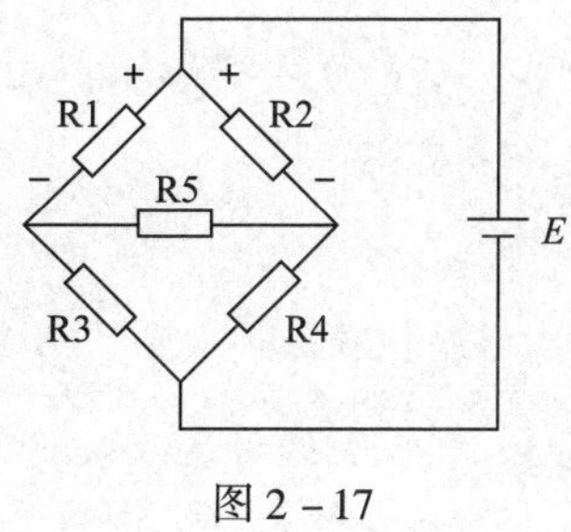

图2－17

2．图2－17所示电路中，已知电源电动势$E=12\ V$，电源内阻不计，电阻$R_1=R_2$，两端的电压分别为2 V和6 V，极性如图所示。那么电阻R3、R4和R5两端的电压大小分别为________、________和________，在图上标出它们的极性。

二、计算题

1．如图2－18所示的电桥处于平衡状态，其中$R_1=30\ \Omega$，$R_2=15\ \Omega$，$R_3=20\ \Omega$，$r=0.5\ \Omega$，$E=7.4\ V$，求电阻R4的阻值和流过它的电流值。

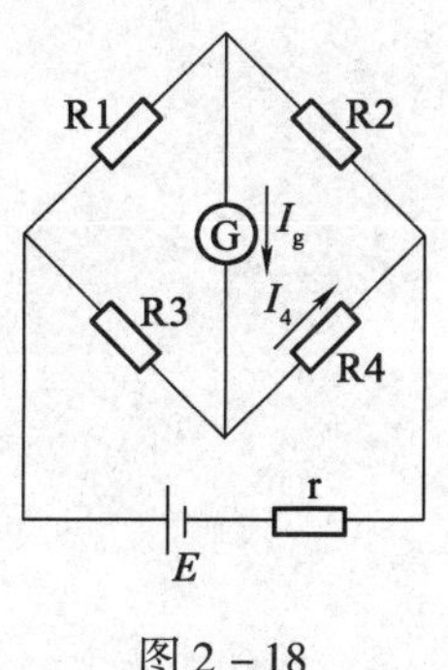

图2－18

2. 求如图 2－19 所示电桥电路中 R5 上的电流和总电流。

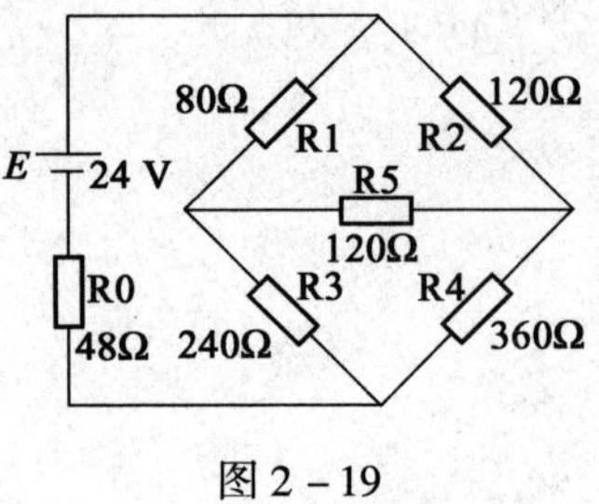

图 2－19

第三章　复杂直流电路的分析

§3-1　基尔霍夫定律

一、填空题（将正确的答案填在横线上）

1．基尔霍夫第一定律又称__________________，其内容是：____，数学表达式为：______________。

2．基尔霍夫第二定律又称__________________，其内容是：____，数学表达式为：______________。

3．在应用基尔霍夫第二定律分析回路时，凡电动势的方向与所选回路循环方向一致者，取_______（填"正"或"负"），反之取_______（填"正"或"负"）；凡电流的参考方向与回路循环方向一致者，该电流在电阻上所产生的电压降取_______（填"正"或"负"），反之取_______（填"正"或"负"）。

二、判断题（在括号中填"√"或"×"）

1．每一条支路中的元件只能有一只电阻或一个电源。（　　）

2．电桥电路是复杂直流电路，平衡时又是简单直流电路。（　　）

3．节点之间必然要有元件。（　　）

4．电路中任一网孔都是回路。（　　）

5．电路中任一回路都可以称为网孔。（　　）

6．网孔是最简单的、不能再分割的回路，网孔一定是回路，但回路不一定是网孔。（　　）

7．基尔霍夫电流定律表明沿回路绕行一周，各段电压的代数和一定为零。（　　）

8．没有构成闭合回路的单支路电流为零。（　　）

三、选择题（将正确选项填入括号中）

1．如图3-1所示电路中（　　）为复杂电路。

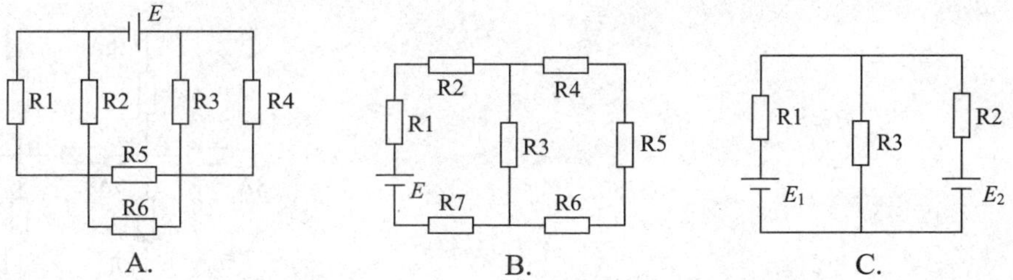

E　R1　R2　R3　R4　R5　R6

A.

R2　R4　R1　R3　R5　E　R7　R6

B.

R1　R3　R2　E_1　E_2

C.

图3-1

2. 如图 3－2 所示电路中，节点数、支路数、回路数及网孔数分别为（　　）。

A. 2、5、3、3　　B. 3、6、4、6　　C. 2、4、6、3

3. 在用基尔霍夫第一定律列节点电流方程式时，若解出的电流为负，则表示（　　）。

A. 实际方向与假定的电流正方向无关

B. 实际方向与假定的电流正方向相同

C. 实际方向与假定的电流正方向相反

D. 实际方向就是假定电流的方向

图 3－2

4. 如图 3－3 所示电路中，$I=$（　　）。

A. 4 A　　B. 5 A　　C. 6 A　　D. 7 A

5. 如图 3－4 所示电路中，$E=$（　　）。

A. 3 V　　B. 4 V　　C. －4 V　　D. －3 V

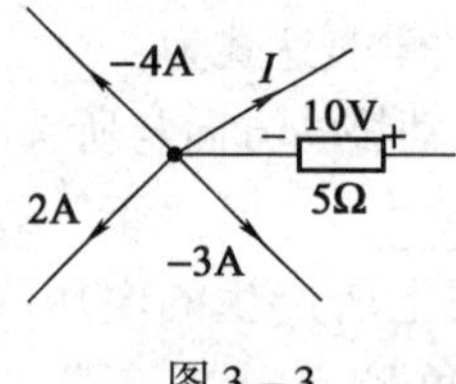

图 3－3

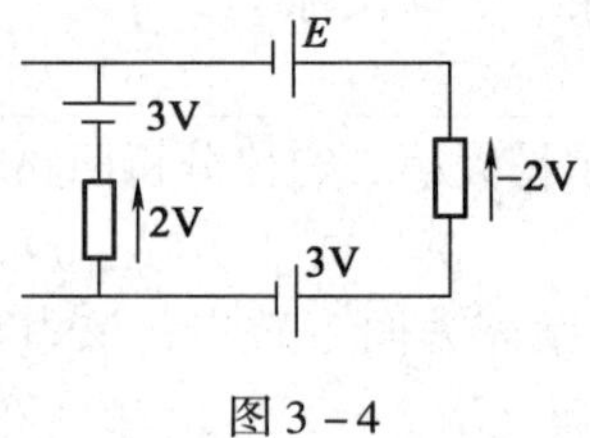

图 3－4

6. 基尔霍夫第一定律表明（　　）。

A. 流过任何处的电流为零

B. 流过任一节点的电流为零

C. 流过任一节点的电流的代数和为零

D. 流过任一回路的电流为零

7. 基尔霍夫电压定律的数学表达式为（　　）。

A. $\Sigma(IR)=0$　　B. $\Sigma E=0$

C. $\Sigma(IR)=\Sigma E$　　D. $\Sigma(IR+E)=0$

8. 如图 3－5 所示电路中，I_1和I_2的关系为（　　）。

A. $I_1<I_2$　　B. $I_1>I_2$

C. $I_1=I_2$　　D. 不确定

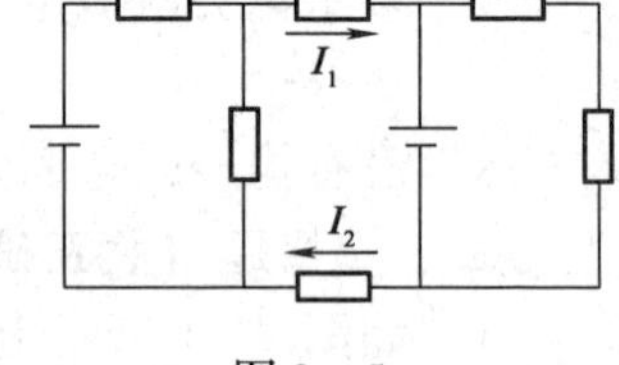

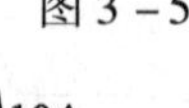

图 3－5

四、计算题

1. 如图 3－6 所示电路中，求 I_1、I_2的大小。

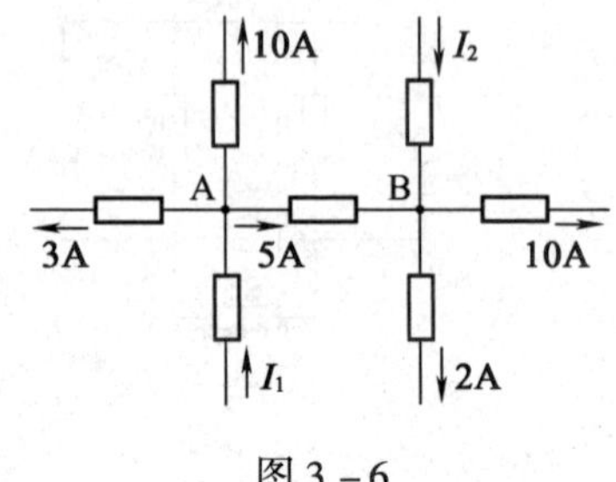

图 3－6

2. 如图 3－7 所示电路中，已知 $E_1=6\ \text{V}$，$E_2=1\ \text{V}$，电阻 $R_1=2\ \Omega$，$R_2=1\ \Omega$，$R_3=2\ \Omega$，求流过各电阻的电流。

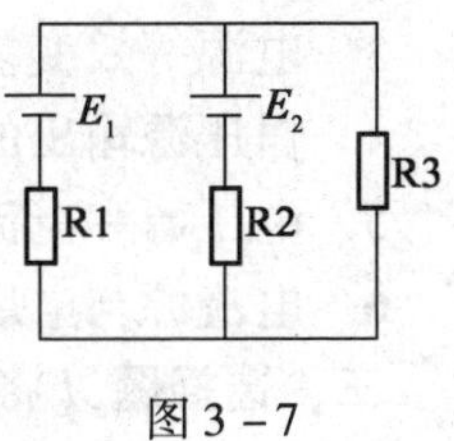

图 3－7

3. 如图 3－8 所示电路中，已知 $E_1=8\ \text{V}$，$E_2=6\ \text{V}$，$R_1=R_2=R_3=2\ \Omega$，用支路电流法求：

(1) 电流 I_3。

(2) 电压 U_{AB}。

(3) R3 上消耗的功率。

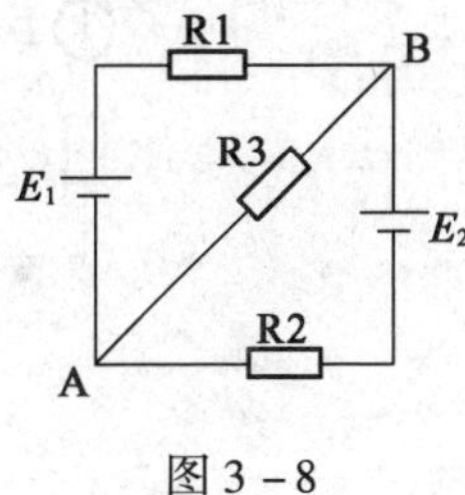

图 3－8

§3－2 电压源与电流源的等效变换

一、填空题（将正确的答案填在横线上）

1. 内阻为__________的电源称为恒压源。把一个实际电源用一个________________和__________串联表示，称为电压源。

2. 内阻为__________的电源称为恒流源。把一个实际电源用一个________________和__________并联表示，称为电流源。

3. 电压源等效变换为电流源时，$I_S=$____________，内阻 r 数值______________，电路由串联改为________________。

二、判断题（在括号中填“√”或“×”）

1. 内阻为零的电源是理想电流源。 (   )
2. 理想电压源与理想电流源可以等效变换。 (   )
3. 电源等效变换仅对电源内部等效。 (   )
4. 恒压源输出的电压是恒定的，不随负载变化。 (   )
5. 电压源和电流源等效变换前后，电源对外是不等效的。 (   )
6. 电流源与电压源实际等效变换时要保证电源内部的等效。 (   )

三、选择题（将正确选项填入括号中）

1. 一电流源的内阻为 2 Ω，当把它等效变换成 10 V 的电压源时，电流源的电流是(   )。

A. 5 A　　B. 2 A　　C. 10 A　　D. 2.5 A

2. 电动势为 20 V、内阻为 2 Ω 的电压源变换成电流源时，电流源的电流和内阻是(   )。

A. 10 A、2 Ω　　B. 20 A、2 Ω

C. 5 A、2 Ω　　D. 20 A、5 Ω

四、计算题

1. 将图 3－9 所示的电压源等效变换成电流源，写出计算式，画出电路图。

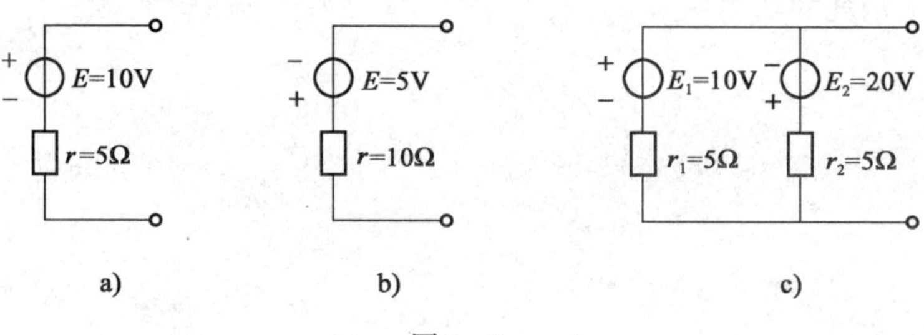

图 3－9

2. 将图 3－10 所示的电流源等效变换成电压源，写出计算式，画出电路图。

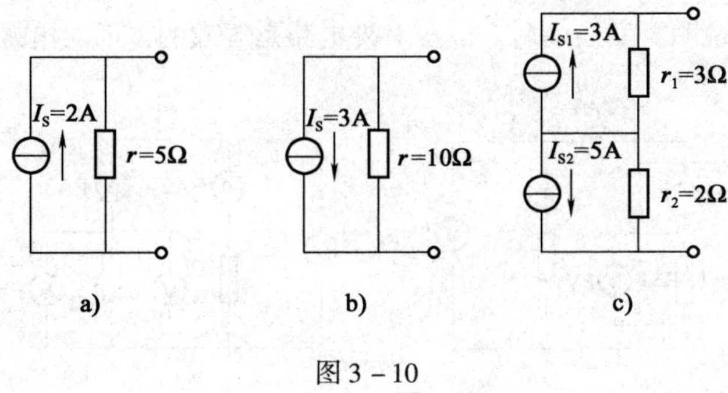

图 3－10

3. 用电源等效变换的方法，求图 3－11 所示电路中的 U 和 I。

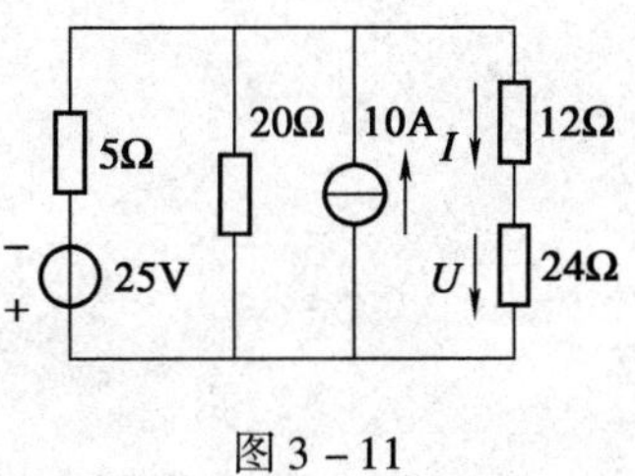

图 3－11

五、实验题

如图 3－12 所示为验证电流源和电压源等效变换的实验电路，根据表 3－1 中的数据，从功率的角度说明，变换前后，电源对外电路是等效的，而对电源内部是不等效的。

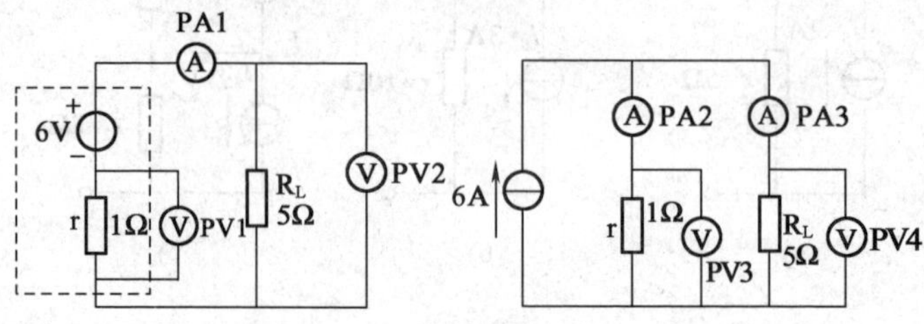

图 3－12

表 3－1

项目	PV1	PV2	PA1	内阻消耗的功率	负载消耗的功率
读数/计算结果	1 V	5 V	1 A		

项目	PA2	PA3	PV3	PV4	内阻消耗的功率	负载消耗的功率
读数/计算结果	5 A	1 A	5 V	5 V		

§3－3　戴维南定理

一、填空题（将正确的答案填在横线上）

1．具有________________的电路都可称为二端网络。若在这部分电路中含有__________，就可以称为有源二端网络。

2．戴维南定理指出：任何有源二端网络都可以用一个等效电压源来代替，电源的电动势等于二端网络的________________，其内阻等于有源两端网络内____________________________。

3．负载获得最大功率的条件是______________，这时负载获得的最大功率为________________。

4．当________与________相等时，称为负载与电源匹配。

5．如图3－13所示，电源输出最大功率时，电阻 R_2 = ____Ω。

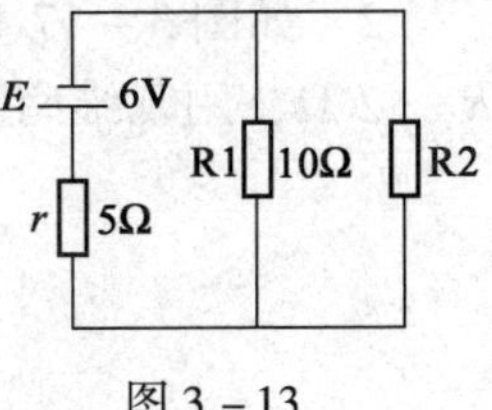

图3－13

二、选择题（将正确选项填入括号中）

1．一有源二端网络，其开路电压为100 V，移除电源后，网络两端等效电阻为10 Ω，当外接10 Ω负载时，负载电流为（　　）。

A．5 A　　B．10 A　　C．20 A

2．直流电源在端部短路时，消耗在内阻上的功率是400 W，电流能供给外电路的最大功率是（　　）。

A．100 W　　B．200 W　　C．400 W

3．若某电源开路电压为120 V，移除电源后，网络两端等效电阻为60 Ω，则负载从该电源获得的最大功率是（　　）。

A．240 W　　B．60 W　　C．600 W

4．如图3－14所示的有源二端网络的等效电阻 R_{AB} 为（　　）。

A．1/2 kΩ　　B．1/3 kΩ　　C．3 kΩ

5．如图3－15所示电路，当A、B间接入电阻，该电阻为（　　）时，其将获得最大功率。

A．4 Ω　　B．7 Ω　　C．8 Ω

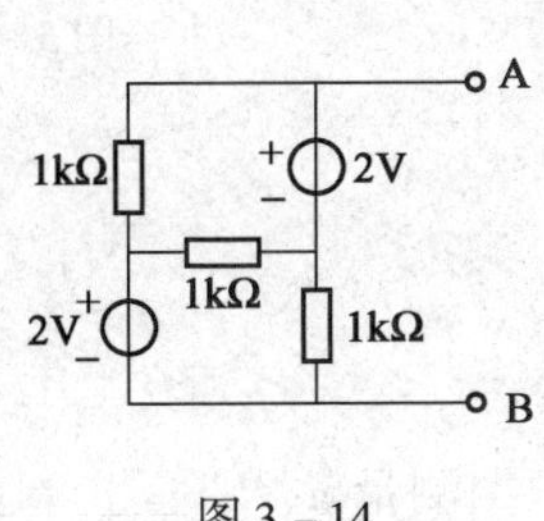

图3－14

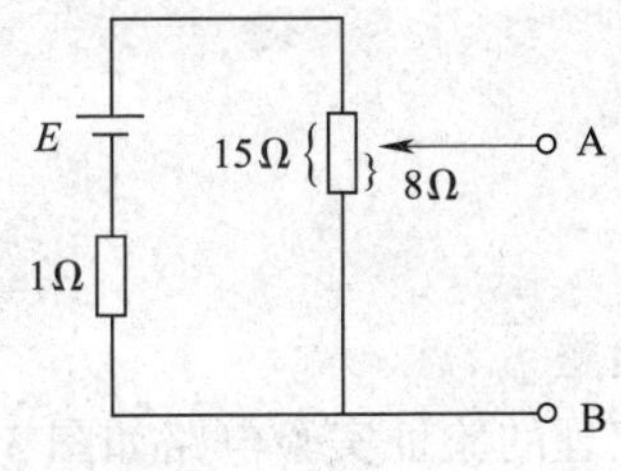

图3－15

三、计算题

1．将图3－16所示电路中的有源二端网络转换为等效电压源。

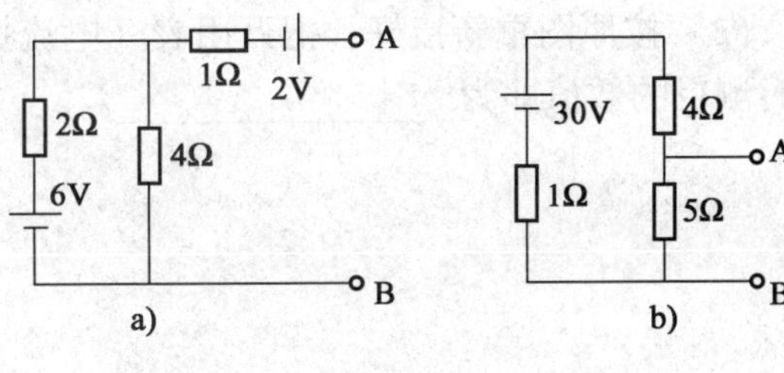

图3－16

2. 如图 3－17 所示电路中，已知 $E_1=12$ V，$E_2=15$ V，$R_1=6\ \Omega$，$R_2=3\ \Omega$，$R_3=2\ \Omega$，用戴维南定理求流过 R3 的电流 I_3及 R3 两端的电压 U_3。

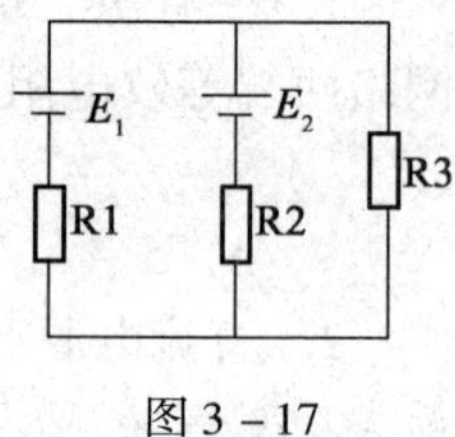

图 3－17

3. 如图 3－18 所示电路中，已知 $E_1=10$ V，$E_2=4$ V，电阻 $R_1=R_2=R_6=2\ \Omega$，$R_3=1\ \Omega$，$R_4=10\ \Omega$，$R_5=8\ \Omega$，用戴维南定理求通过电阻 R3 的电流。

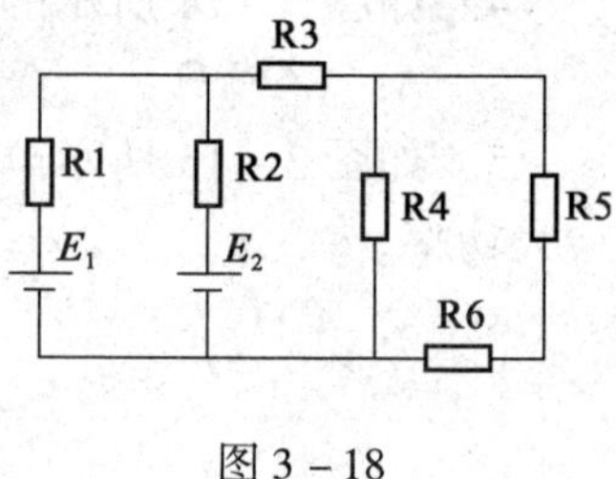

图 3－18

四、实验题

戴维南定理的验证实验电路如图 3－19 所示。

（1）在实验中，未接 R3 时，用万用表直流电压挡测量 a、b 两端，这时测出的数值应为等效电压源的____________；再取下 GB1、GB2 并用导线代替，改用万用表欧姆挡测量 a、b 两端，这时测出的数值应是等效电压源的______________。

（2）按原图重新接好，把万用表（电流挡）串入 R3 支路，这时测得的数值即为______________。

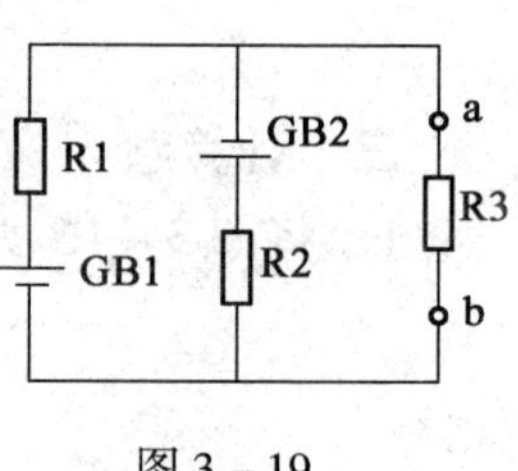

图 3－19

§3-4 叠加原理

一、填空题（将正确的答案填在横线上）

1. 在单电源电路中，电流总是从电源的__________极出发，经由外电路流向电源的__________极。

2. 叠加原理只适用于__________电路，而且叠加原理只能用来计算__________和__________，不能直接用于计算__________。

3. 如图3-20所示电路中，已知E_1单独作用时，R1、R2、R3的电流分别是-4 A、2 A、-2 A，E_2单独作用时，R1、R2、R3的电流分别是3 A、2 A、5 A，则各支路电流I_1=__________A，I_2=__________A，I_3=__________A。

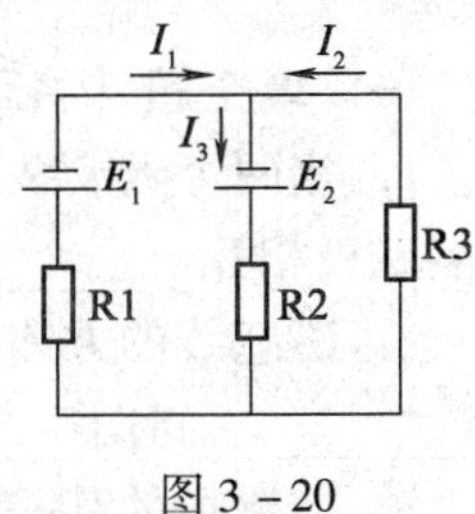

图3-20

二、计算题

1. 如图3-21所示电路中，已知电源电动势E_1=48 V，E_2=32 V，电源内阻不计，电阻R_1=4 Ω，R_2=6 Ω，R_3=16 Ω，用叠加原理求通过R1、R2、R3的电流。

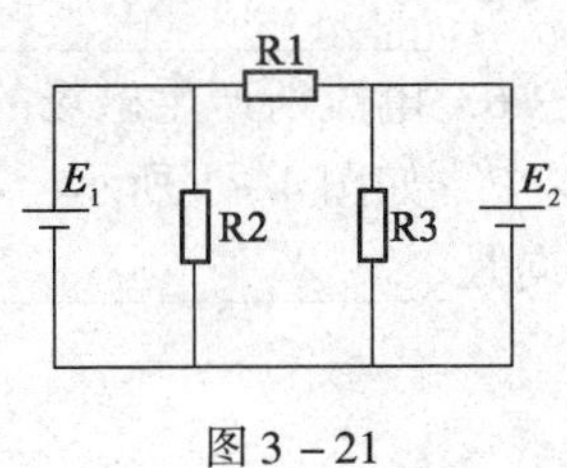

图3-21

2. 如图3-22所示电路中，已知开关S置于位置1时，电流表读数为3 A，求当开关位置2时，电流表读数应为多少？

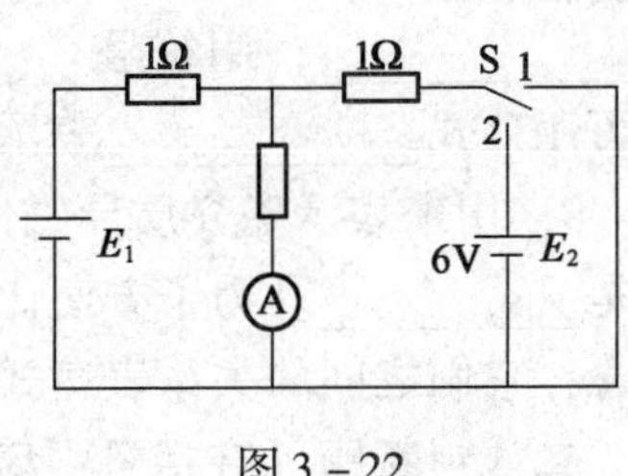

图3-22

第四章　磁场与电磁感应

§4－1　磁　　场

一、填空题（将正确的答案填在横线上）

1．当两个磁极靠近时，它们之间也会产生相互作用力，同名磁极相互__________，异名磁极相互__________。

2．磁感线的方向定义为：在磁体外部由__________指向__________，在磁体内部由__________指向__________。磁感线是__________曲线。

3．在磁场的某一区域里，如果磁感线是一些方向相同、分布均匀的平行直线，这一区域称为____________。

4．磁感线上任意一点的________________方向，就是该点磁场的方向，也就是放在该点的磁针______极所指的方向。

5．____________________，这种现象称为电流的磁效应。

6．电流所产生磁场的方向可用__________________来判断。

7．如图4－1所示，导体ab的磁感应强度B的方向为N极穿出纸面，导体的电流方向是__________________。

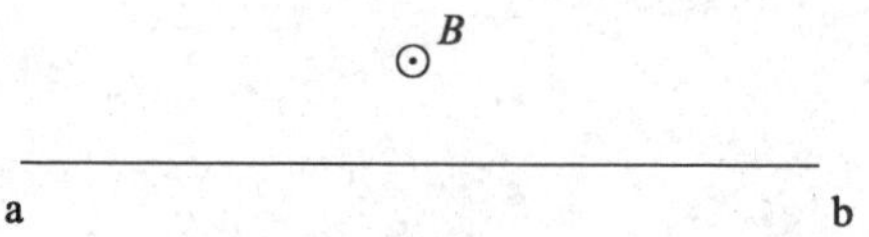

$\odot B$

a　　　　　　　　　　　　　　b

图4－1

8．描述磁场在空间某一范围内分布情况的物理量称为_______________，用符号__________表示，单位为____________；描述磁场中各点磁场强弱和方向的物理量称为____________，用符号______表示，单位为________。在匀强磁场中，这两者的关系可用公式____________表示。

9．用来表示磁介质导磁性能的物理量称为____________，用符号______表示，单位是__________。为了方便比较磁介质对磁场的影响，可使用___________________的概念，它们之间的关系表达式为__________________。

二、判断题（在括号中填“√”或“×”）

1．每个磁体都有两个磁极，一个称为N极，另一个称为S极，若把磁体断成两段，则一段为N极，另一段为S极。　（　　）

2．磁场的方向总是由N极指向S极。　（　　）

3. 磁感线始于 N 极，终止于 S 极。 ( )

4. 磁感线是实际存在的线，在磁场中反映了各点的磁场方向。 ( )

5. 磁感线存在于磁极周围的空间里，能形象地描述磁场的强弱和方向。 ( )

6. 穿过某一截面积的磁感线数量称为磁通，也称为磁通密度。 ( )

7. 通电线圈插入铁芯后，它所产生的磁通大大增加。 ( )

三、选择题（将正确选项填入括号中）

1. 条形磁铁中，磁性最强的部位在（ ）。

A. 中间　　B. 两极　　C. 整体

2. 当一个磁体被截成三段后，共有（ ）个磁极。

A. 2　　B. 3　　C. 6

3. 磁感线上任一点的（ ）方向，就是该点的磁场方向。

A. 指向 N 极　　B. 切线　　C. 直线

4. 关于电流的磁场，正确的说法是（ ）。

A. 直线电流的磁场，只分布在垂直于导线的某一平面上

B. 直线电流的磁场是一些同心圆，距离导线越远，磁感线越密

C. 直线电流、环形电流的磁场方向都可用安培定则判断

四、问答题

1. 磁感应强度和磁通有哪些异同？

2. 有两位同学，各自在一铁棒上绕一些导电线圈制成电磁铁，通电时电流都是从右端流入，从左端流出。但甲同学制成的电磁铁，左端是 N 极，右端是 S 极；而乙同学制成的电磁铁，左端是 S 极，右端是 N 极。他们各自是怎样绕导线的？用简图表示出来。

3．判断图4－2中各小磁针的偏转方向。

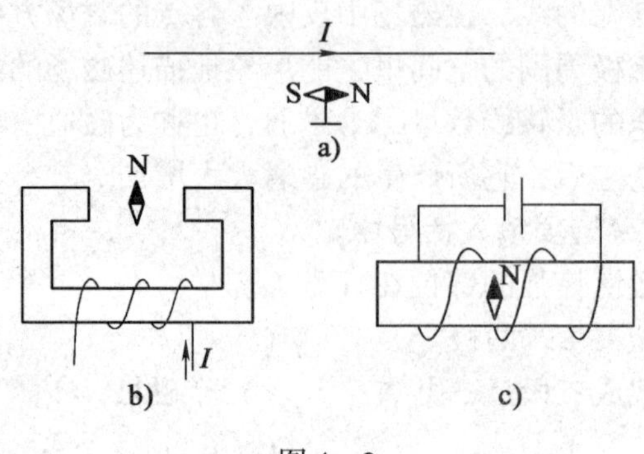

图4－2

§4－2　磁场对电流的作用

一、填空题（将正确的答案填在横线上）

1．通常把通电导体在磁场中受到的力称为____________，也称______________，通电直导体在磁场内的受力方向可用____________定则来判断。

2．把一段通电导线放入磁场中，当电流方向与磁场方向____________时，导线所受到的电磁力最大；当电流方向与磁场方向____________时，导线所受的电磁力最小。

3．两条相距较近且相互平行的直导线，当通以相同方向的电流时，它们__________；当通以相反方向的电流时，它们________________。

4．在匀强磁场中放入一个线圈，给线圈通入电流时，它就会______________。线圈平面与磁感线平行时，线圈所产生转矩______________；线圈平面与磁感线垂直时，转矩__________。

二、选择题（将正确选项填入括号中）

1．在匀强磁场中，原来载流导体所受磁场力为F，若电流强度增加到原来的2倍，而导线的长度减小一半，则载流导体所受的磁场力为（　　）。

A．$2F$　　B．F　　C．$F/2$

2．两平行导线一根通有电流，另一根无电流，它们之间（　　）。

A．有吸引力　　B．有推斥力　　C．无任何力

3．如图4－3所示磁场中，通电导体的受力情况为（　　）。

A．受力向上　　B．受力向下　　C．受力向右

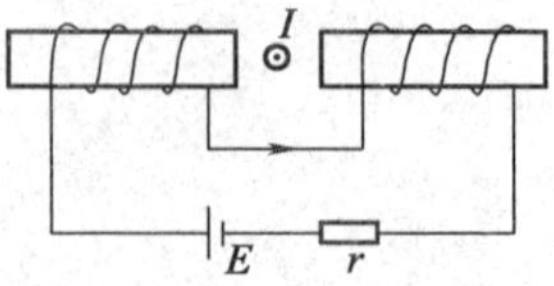

4．将一通电矩形线圈用线吊住并放入磁场，线圈平面垂直于磁场，线圈将（　　）。

A．转动

B．向左或向右移动

C．不动

图4－3

三、综合分析题

1. 标出图 4－4 中电流或力的方向。

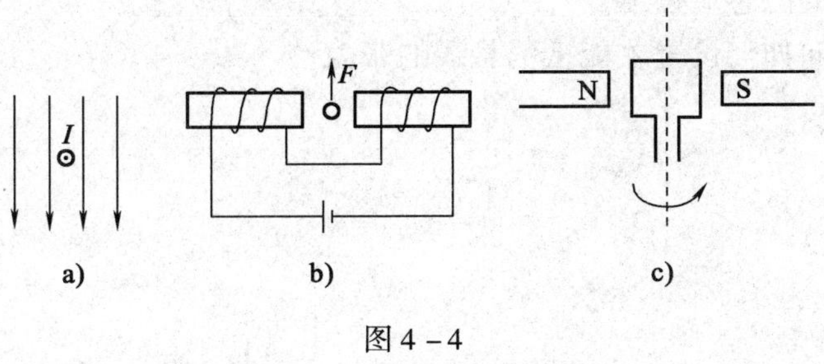

图 4－4

2. 欲使通电导线所受电磁力的方向如图 4－5 所示，应如何连接电源？

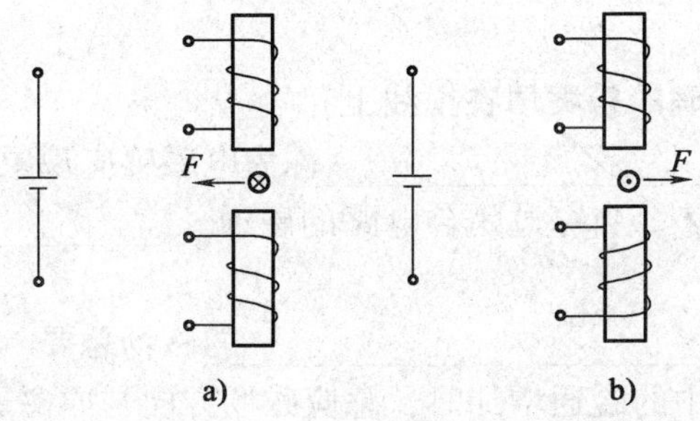

图 4－5

四、计算题

1. 把一根通有 4 A 电流、长为 30 cm 的导线放在匀强磁场中，当导线和磁感线垂直时，测得所受电磁力是 0.06 N。求：

（1）磁场的磁感应强度。

（2）如果导线和磁场方向夹角为 30°，导线所受到的磁场力大小。

2．如图 4－6 所示，有一根金属导线，长 0.4 m，质量是 0.02 kg，用两根柔软的细线悬在匀强磁场中，当导线中通以 2 A 电流（方向如图所示）时：

（1）求磁场的磁感应强度。

（2）磁场方向如何设置才能抵消悬线的张力？

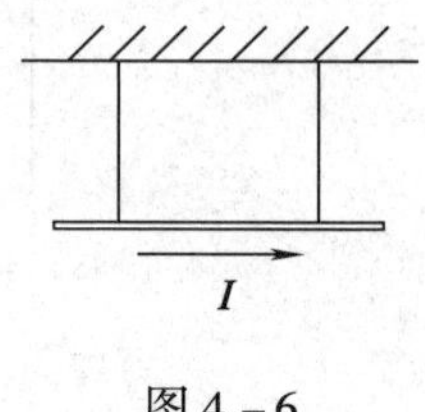

图 4－6

§4－3　电 磁 感 应

一、填空题（将正确的答案填在横线上）

1．________________________________称为电磁感应现象，__________________的电动势称为感应电动势。当穿过闭合电路的磁通____________时，闭合电路中就有感应电流。

2．楞次定律指出：_____________________的磁场总要__________引起感应电流的磁通的变化，当线圈中的磁通增加时，感应磁场方向与原磁通方向______________；当线圈中的磁通减少时，感应磁场方向与原磁通方向________________。

3．法拉第电磁感应定律指出：线圈中感应电动势的大小与____________________________________成正比，其表达式为____________________________。

4．在电磁感应中，用________________________定律判别感应电动势的方向，用________________________定律计算感应电动势的大小。

二、判断题（在括号中填“√”或“×”）

1．当磁通发生变化时，导线或线圈中就会有感应电流产生。（　　）

2．通过线圈中的磁通越大，产生的感应电动势就越大。（　　）

3．感应电流产生的磁通总是与原磁通的方向相反。（　　）

4．左手定则既可以判断通电导体的受力方向，又可以判断直导体的感应电流方向。（　　）

三、选择题（将正确选项填入括号中）

1．法拉第电磁感应定律可以这样表述：闭合电路中感应电动势的大小（　　）。

A．与穿过这一闭合电路的磁通变化率成正比

B．与穿过这一闭合电路的磁通成正比

C．与穿过这一闭合电路的磁感应强度成正比

D．与穿过这一闭合电路的磁通变化量成正比

2．判断线圈中感应电动势的方向，应采用（　　）。

A. 左手定则　　B. 右手定则　　C. 安培定则　　D. 右手螺旋定则

3. 如图4－7所示，在匀强磁场中，两根平行的金属导轨上，放置两条平行的金属导线ab、cd。假定它们沿导轨运动的速度分别为v_1和v_2，且$v_2 > v_1$，现要使回路中产生最大的感应电流，且方向由a→b，那么ab、cd的运动情况应为（　　）。

A. 背向运动　　B. 相向运动　　C. 都向右运动　　D. 都向左运动

4. 如图4－8所示，当导体ab在外力作用下，沿金属导轨在匀强磁场中以速度v向右移动时，放置在导轨右侧的导体cd将（　　）。

A. 不动　　B. 向右移动　　C. 向左移动　　D. 无法确定

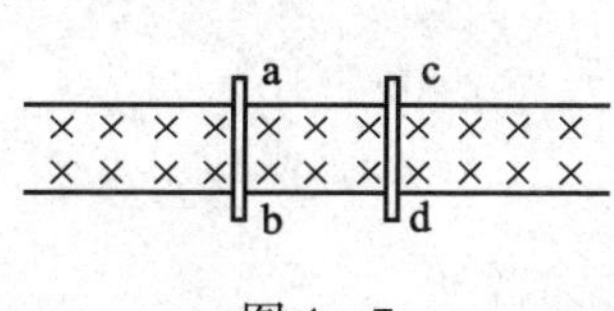

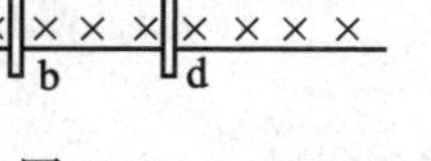

图4－7

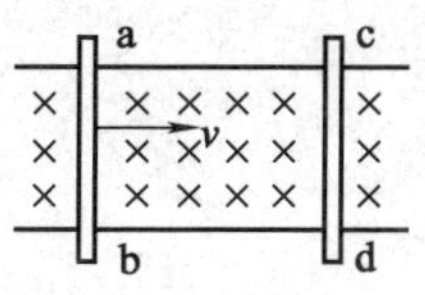

图4－8

5. 运动导体在切割磁感线而产生最大感应电动势时，导体与磁感线的夹角为（　　）。

A. 0°　　B. 45°　　C. 90°　　D. 30°

6. 下列属于电磁感应现象的是（　　）。

A. 通电直导体产生的磁场　　B. 通电直导体在磁场中运动

C. 变压器铁芯被磁化　　D. 线圈在磁场中转动发电

四、问答题

1. 什么是电磁感应？电磁感应的条件是什么？线圈中有磁通是否就一定有感应电动势？

2. 用线绳吊起一铜圆圈，如图4－9所示，现将条形磁铁插入铜圆圈中，铜圆圈将怎样运动？

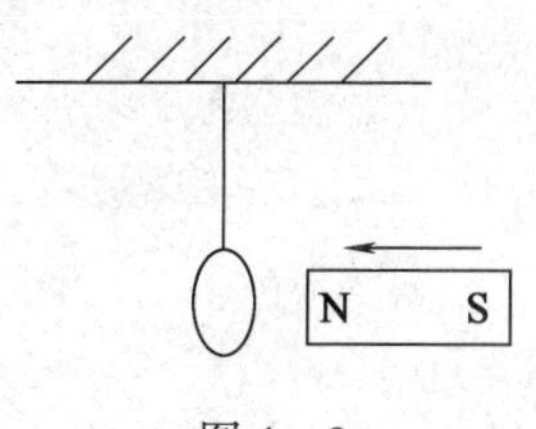

图4－9

3．如图 4－10 所示，导体或线圈在匀强磁场中按图示方向运动，是否会产生感应电动势？如产生，其方向如何？

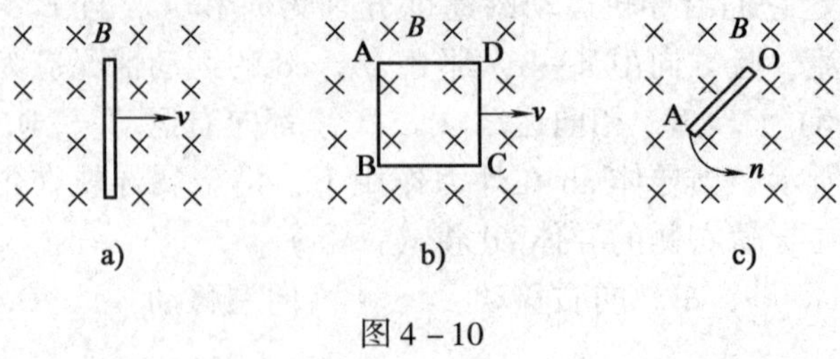

图 4－10

4．如图 4－11 所示，箭头表示磁铁插入和拔出线圈的方向，根据楞次定律指出图中电流计的偏转方向。

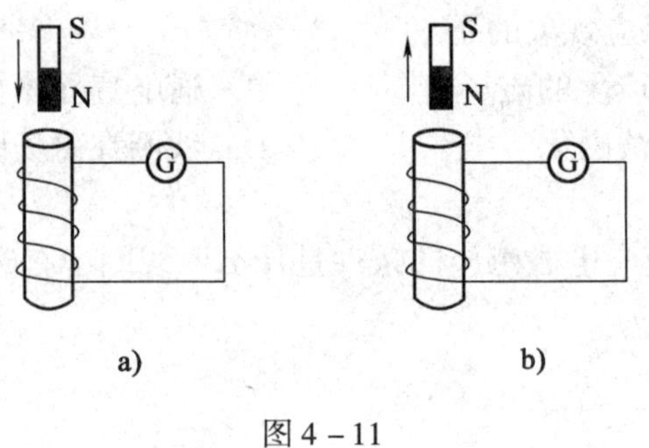

图 4－11

五、计算题

1．如图 4－12 所示，匀强磁场的磁感应强度为 0.8 T，垂直于纸面方向的直导体在磁场中的有效长度为 20 cm，导线运动方向与磁场方向夹角为 α，导线以 10 m/s 的速度做匀速直线运动，求 α 分别为 0°、30°、90°时直导体上感应电动势的大小和方向。

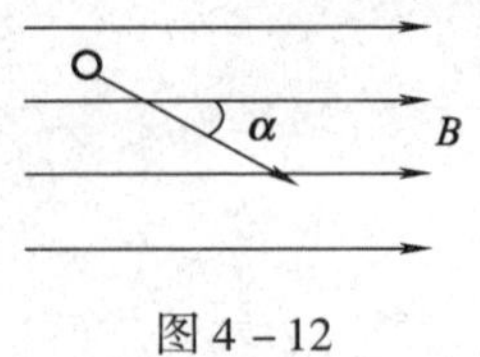

图 4－12

2. 有一1 000匝的线圈，在0.7 s内穿过它的磁通从0.02 Wb增加到0.09 Wb，如果线圈的电阻是10 Ω，当它跟一个电阻为990 Ω的电热器串联成回路时，求电热器的电流。

3. 如图4－13所示，匀强磁场的磁感应强度$B=2$ T，方向垂直纸面向里，电阻$R=0.5$ Ω，导体AB、CD在平行框上分别向左和向右匀速滑动，$v_1=5$ m/s，$v_2=4$ m/s，AB和CD的长度都是40 cm。求：

（1）导体AB、CD上产生的感应电动势的大小。

（2）电阻R中的电流大小和方向。

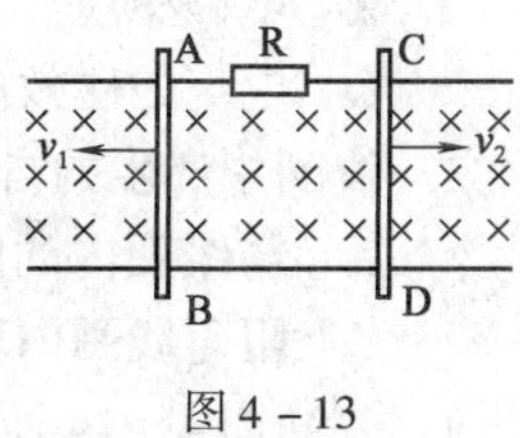

图4－13

§4－4 自感和互感

一、填空题（将正确的答案填在横线上）

1. 自感现象是＿＿＿＿＿＿＿＿的一种，它是由线圈本身＿＿＿＿＿＿而引起的，自感电动势用＿＿＿＿＿＿表示，自感电流用＿＿＿＿＿＿表示。

2. 自感系数用符号＿＿＿表示，它的计算式为＿＿＿＿＿，单位为＿＿＿＿＿。

3. 由于一个线圈中的电流产生变化而在＿＿＿＿＿＿＿＿中产生电磁感应的现象称为互感现象。

4. 由于线圈的绕向＿＿＿＿＿而产生感应电动势＿＿＿＿＿＿的端子称为同名端。

5. 线圈的电感是由线圈本身的特性决定的。线圈越＿＿＿＿＿＿，单位长度上的匝数越＿＿＿＿＿，截面积越＿＿＿＿＿，电感就越大。两个线圈的一对＿＿＿＿＿

端相接，称为顺串，这时两个线圈的磁通方向是相__________的。串接后的等效电感为________________。

6．两个线圈的一对_________端相接，称为反串，这时两个线圈的磁通方向是相______的。串接后的等效电感为________________。

二、判断题（在括号中填“√”或“×”）

1．线圈中的电流变化越快，则其自感系数就越大。（　　）

2．自感电动势的大小与线圈的电流变化率成正比。（　　）

3．当结构一定时，铁芯线圈的电感是一个常数。（　　）

4．有铁芯的线圈，其电感要比空心线圈的电感大得多。（　　）

5．线圈的自感电动势总是和电流的方向相反。（　　）

三、选择题（将正确选项填入括号中）

1．当线圈中通入（　　）时，就会发生自感现象。

A．不变的电流　B．变化的电流　C．直流电流　D．交流电流

2．由于流过线圈电流的变化而在线圈中产生感应电动势的现象称为（　　）。

A．电磁感应　B．自感

C．电流的磁效应　D．互感

3．线圈中产生的自感电动势总是（　　）。

A．与线圈内的原电流方向相同　B．与线圈内的原电流方向相反

C．阻碍线圈内原电流的变化　D．上面三种说法都不正确

4．判断图 4－14 所示两个互感线圈的连接方法，其中（　　）是顺接，（　　）是反接。

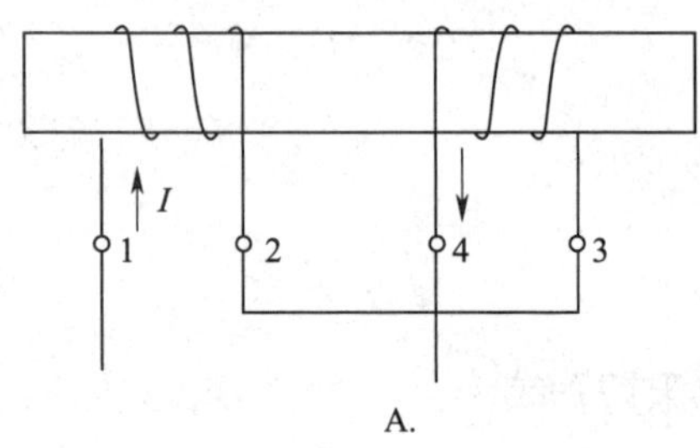

A.

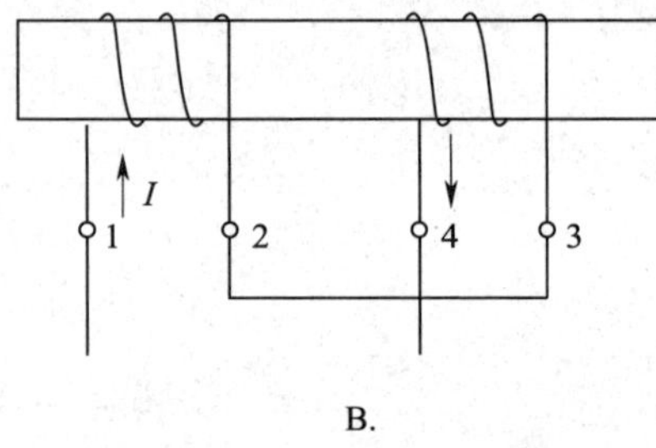

B.

图 4－14

四、综合分析题

1．如图 4－15 所示电路中，分析当开关 S 先断开再接通瞬间灯泡的发光情况。

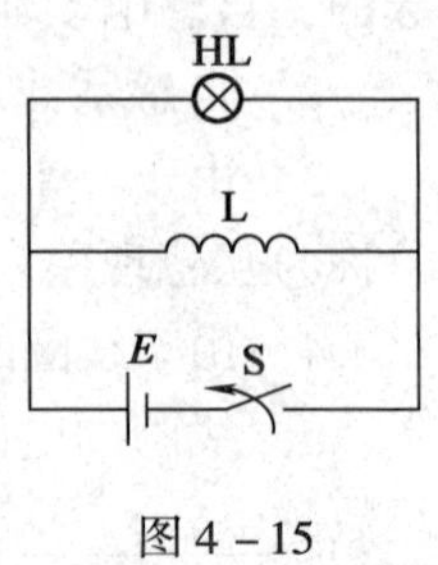

图 4－15

2. 如图 4－16 所示电路中，分析当开关 S 合上瞬间两灯泡的发光情况。

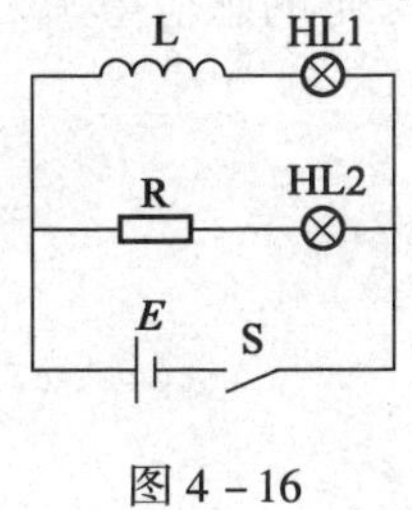

图 4－16

3. 标出图 4－17 所示各线圈的同名端。

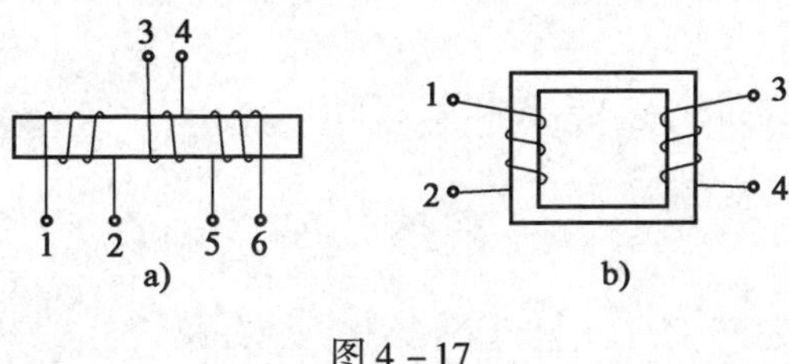

图 4－17

4. 如图 4－18 所示电路中，当开关 S 断开瞬间，电压表指针如何偏转？

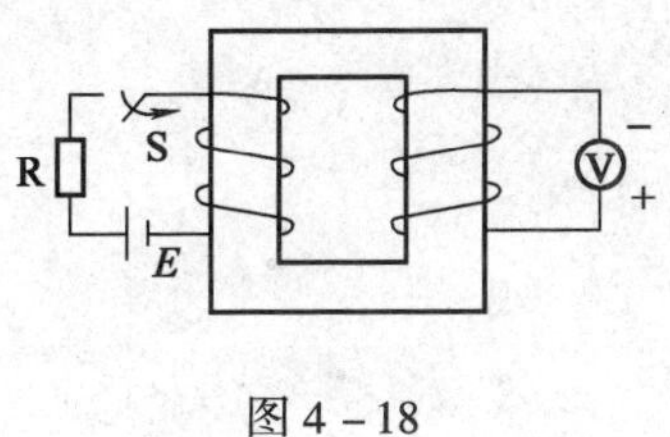

图 4－18

5. 如图 4－19 所示电路中，把变阻器 R 的滑动片向左移动使电流减弱，确定这时线圈 A 和 B 中感应电流的方向。

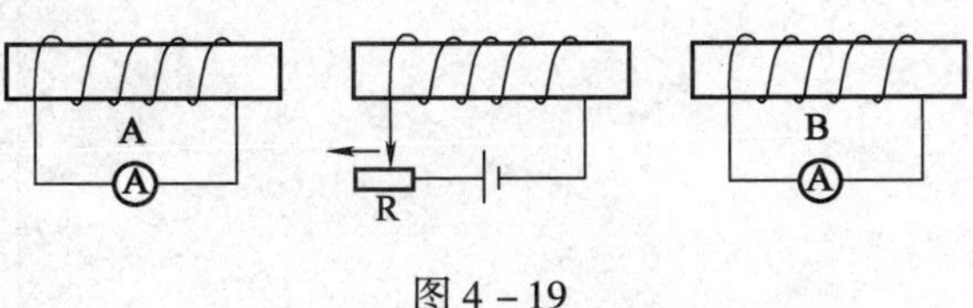

图 4－19

6．图 4－20 所示为一台交流设备的磁极，为多层片状结构，为了减小磁场变化时产生的感应电流（即涡流），图中的两种叠片方式应采用哪一种？简述理由。

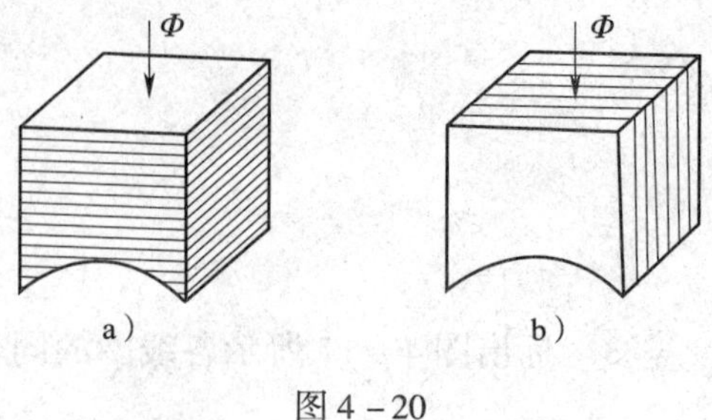

图 4－20

五、计算题

1．电感 $L=500$ mH 的线圈，其电阻可忽略，设在某一瞬间线圈的电流每秒增加 5 A，此时线圈两端的电压是多少？

2．将一自感线圈通入如图 4－21 所示电流，在前 2 s 内产生的感应电动势为 1 V，则线圈的自感系数是多少？2～4 s 时内线圈的自感电动势是多少？4～5 s 时内线圈的自感电动势是多少？

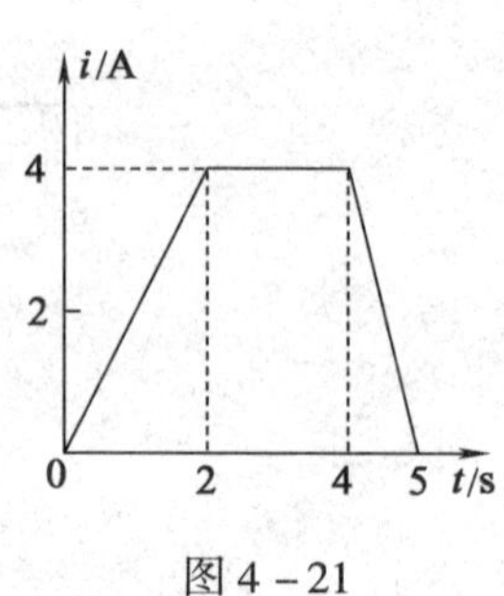

图 4－21

§4－5 铁磁材料与磁路

一、填空题（将正确的答案填在横线上）

1. ________________________________的过程称为磁化。只有__________才能被磁化。

2. 铁磁性物质的__________随__________变化的规律称为磁化曲线。当线圈通入交变电流时，所得到的磁通与电流关系的闭合曲线称为__________。

3. 铁磁材料根据工程上的用途不同可分为__________、__________和__________。

4. ______________称为磁路，磁路可分为__________磁路和__________磁路。

5. ______________和__________的乘积称为磁动势，单位为__________。

6. ________________的作用称为磁阻，单位为__________。

7. 磁路中的磁通、磁通势和磁阻之间的关系，可用磁路欧姆定律来表示，其公式为______________。

8. 全部在磁路内部闭合的磁通称为__________，部分经过磁路周围物质而自成回路的磁通称为__________。

9. 实际应用的电磁铁一般由__________、__________和__________三个基本部分组成。

二、判断题（在括号中填“√”或“×”）

1. 铁磁性物质在反复磁化的过程中，Φ 的变化总是滞后于 I 的变化。（　　）

2. 铁磁性物质的磁导率为一常数。（　　）

3. 将物质分为铁磁材料和非铁磁材料是根据磁导率来划分的，而铁磁材料的分类是根据磁滞回线的形状划分的。（　　）

4. 软磁性材料常被做成电机、变压器、电磁铁的铁芯。（　　）

5. 直流电磁铁无磁滞损耗和涡流损耗，交流电磁铁有磁滞损耗和涡流损耗。（　　）

6. 铁磁性物质的磁阻小，所以可以尽可能地将磁通集中在磁路中。（　　）

7. 气隙对直流电磁铁和交流电磁铁的影响是相同的。（　　）

三、选择题（将正确选项填入括号中）

1. 空心线圈被插入铁芯后（　　）。

A. 磁性将大大增强　　B. 磁性将减弱

C. 磁性基本不变　　D. 不能确定

2. 为减小剩磁，电磁线圈的铁芯应采用（　　）。

A. 硬磁性材料　　B. 非磁性材料

C. 软磁性材料　　D. 矩磁性材料

四、问答题

1. 铁磁材料可分为哪几类？它们的磁化曲线各有什么特点？各有什么用途？

2. 对平面磨床的电磁工作台，在工件加工完毕后，应采取什么措施才能将工件轻便地取下？为什么？

3. 气隙对交流电磁铁和直流电磁铁的影响有何不同？

4. 如果交流电磁铁的衔铁在吸合过程中被卡住，会出现什么现象？为什么？应采取什么措施？

5. 图 4－22 所示为电磁抱闸示意图，它常用于机床和起重机电动机的制动，说明它的工作原理。

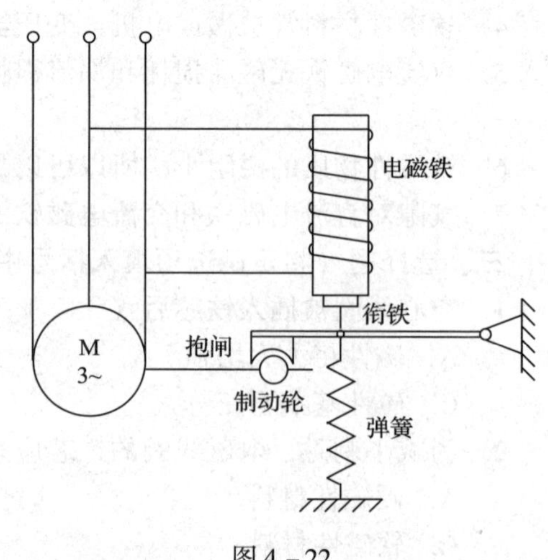

图 4－22

五、计算题

1. 有一环状铁芯线圈，流过的电流为 5 A，要使磁动势达到 2 000 A，求线圈的匝数。

2. 有一环状螺旋线圈（与图 4－23 所示类似），外径为 60 cm，内径为 40 cm，线圈匝数为 1 200 匝，通有5 A的电流，求线圈内分别为空气和软铁时的磁通。（设软铁的相对磁导率为 700，磁络的长度根据内、外径平均值计算）

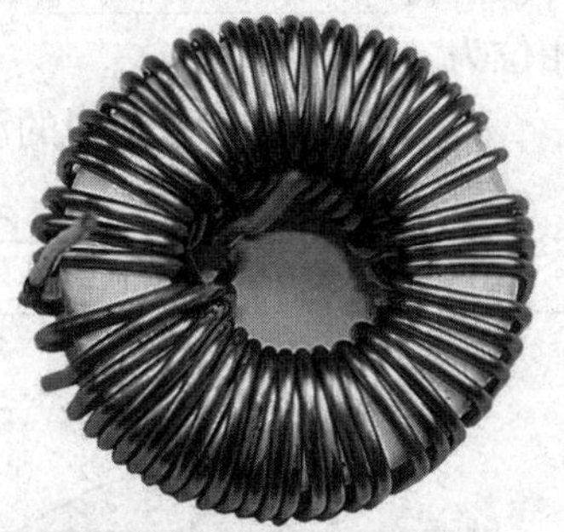

图 4－23

第五章　单相交流电路

§5－1　交流电的基本概念

一、填空题（将正确的答案填在横线上）

1．直流电的方向和时间的关系是________________；交流电的方向和时间的关系是________________。正弦交流电的大小和方向按________变化。

2．交流电的周期是指________________，用符号________表示，其单位为________；交流电的频率是指________________，用符号________表示，其单位为________。它们的关系是________。

3．我国动力和照明用电的标准频率为________Hz，习惯上称为工频，其周期是________s，角频率是________rad/s。

4．正弦交流电的三要素是________、________和________。

5．有效值与最大值之间的关系为________，有效值与平均值之间的关系为________。在交流电路中通常是用________值进行计算。

6．已知一正弦交流电流 $i=\sin\left(314t-\dfrac{\pi}{4}\right)$ A，则该交流电的最大值为________，有效值为________，频率为________，周期为________，初相位为________。

7．根据表 5－1 左列的波形图，在右列相应位置填写两个正弦交流电的相位关系。

表 5－1

波形图	相位关系
e, e_1, e_2, φ, O, φ_2, φ_1, ωt	
e, e_1, e_2, O, ωt	

续表

波形图	相位关系
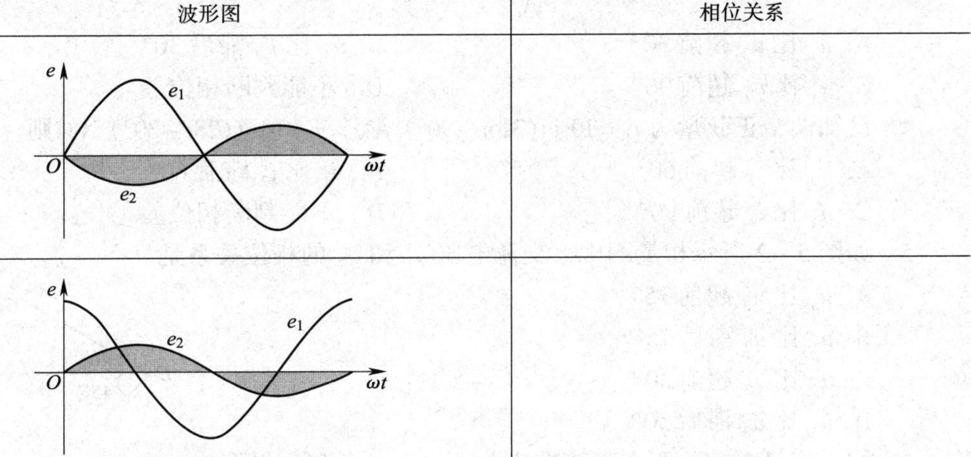	

8．常用的表示正弦量的方法有__________、________和________等，它们都能将正弦量的三要素准确地表示出来。

9．作相量图时，通常取________（顺、逆）时针转动的角度为正，同一相量图中，各正弦量的__________应相同。

10．用相量表示正弦交流电后，它们的加、减运算可按____________法则进行。

二、判断题（在括号中填“√”或“×”）

1．交流电的周期越长，说明交流电变化得越快。 （　　）

2．用交流电压表测得交流电压是 220 V，则此交流电压的最大值是 380 V。 （　　）

3．一只额定电压为 220 V 的白炽灯，可以接到最大值为 311 V 的交流电源上。 （　　）

4．用交流电表测得交流电的数值是平均值。 （　　）

三、选择题（将正确选项填入括号中）

1．已知一交流电流，当 $t=0$ 时的值为 1 A，初相位为 30°，则这个交流电的有效值为（　　）。

A．0.5 A　　B．1.414 A　　C．1 A　　D．2 A

2．已知一个正弦交流电压波形如图 5－1 所示，其瞬时值表达式为（　　）。

A．$u=10\sin\left(\omega t-\dfrac{\pi}{2}\right)$ V

B．$u=-10\sin\left(\omega t-\dfrac{\pi}{2}\right)$ V

C．$u=10\sin(\omega t+\pi)$ V

D．$u=10\sin\left(\omega t+\dfrac{\pi}{2}\right)$ V

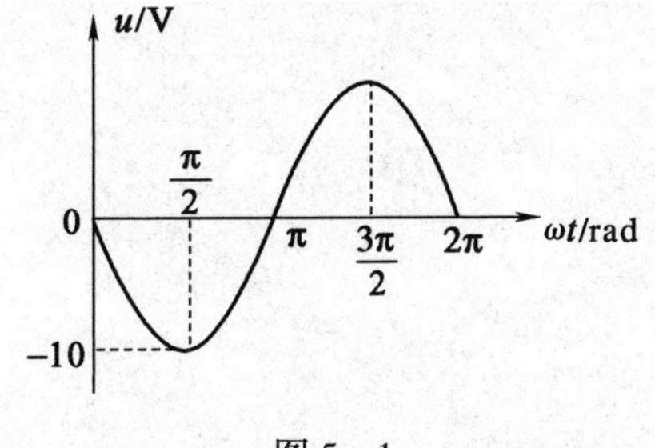

图 5－1

3. 已知两个正弦量为 $u_1=20\sin\left(314t+\frac{\pi}{6}\right)$ V，$u_2=40\sin\left(314t-\frac{\pi}{3}\right)$ V，则（　　）。

A. u_1 比 u_2 超前 30°　　B. u_1 比 u_2 滞后 30°

C. u_1 比 u_2 超前 90°　　D. 不能判断相位差

4. 已知两个正弦量为 $i_1=10\sin(314t-90°)$ A，$i_2=10\sin(628t-30°)$ A，则（　　）。

A. i_1 比 i_2 超前 60°　　B. i_1 比 i_2 滞后 60°

C. i_1 比 i_2 超前 90°　　D. 不能判断相位差

5. 如图 5－2 所示相量图中，交流电压 u_1 和 u_2 的相位关系是（　　）。

A. u_1 比 u_2 超前 75°

B. u_1 比 u_2 滞后 75°

C. u_1 比 u_2 超前 30°

D. u_1 比 u_2 滞后 30°

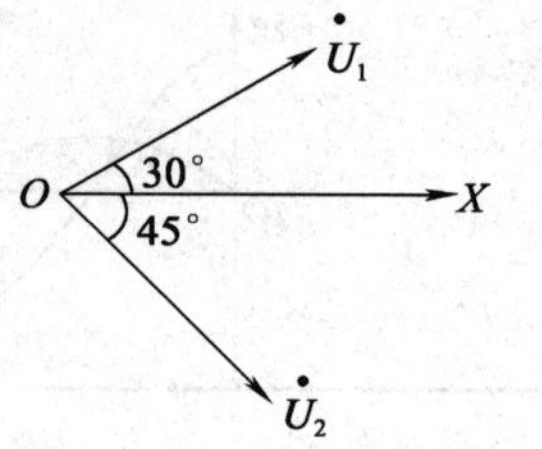

图 5－2

6. 同一相量图中的两个正弦交流电，（　　）必须相同。

A. 有效值　　B. 初相

C. 频率　　D. 最大值

7. 习惯上又称正弦交流电的最大值为（　　）。

A. 平均值　　B. 有效值

C. 峰－峰值　　D. 峰值

四、问答题

1. 让 8 A 的直流电流和最大值为 10 A 的交流电流分别通过阻值相同的电阻，相同时间内，哪个电阻发热最大？为什么？

2. 一个电容器只能承受 1 000 V 的直流电压，能否接到有效值 1 000 V 的交流电路中使用？为什么？

3. 有三个交流电，它们的电压瞬时值分别为 $u_1 = 311\sin 314t$ V，$u_2 = 537\sin\left(314t + \frac{\pi}{2}\right)$ V，$u_3 = 156\sin\left(314t - \frac{\pi}{2}\right)$ V。问：

（1）这三个交流电有哪些不同之处？又有哪些共同之处？

（2）在同一坐标平面内画出它们的正弦曲线。

（3）说明它们的相位关系。

五、计算题

1. 如图 5-3 所示是一个按正弦规律变化的交流电流的波形图，根据波形图指出它的周期、频率、角频率、初相、有效值，并写出它的解析式。

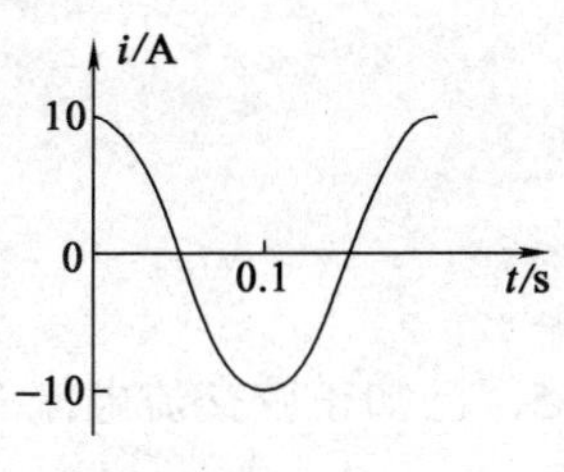

图 5-3

2. 已知一正弦电动势的最大值为 220 V，频率为 50 Hz，初相位为 30°，写出此电动势的解析式，画出波形图，并求出 $t = 0.01$ s 时的瞬时值。

3. 某正弦交流电的最大值为100 mA，频率为50 Hz，求：

（1）电流在经过零值后多长时间能达到50 mA？

（2）电流在经过零值后多长时间能达到最大值？

4. 分别画出下列两组正弦量的相量图，并求其相位差，指出它们的相位关系。

（1）$u_1=20\sin\left(314t+\frac{\pi}{6}\right)$ V，$u_2=40\sin\left(314t-\frac{\pi}{3}\right)$ V。

（2）$i_1=4\sin\left(314t+\frac{\pi}{2}\right)$ A，$i_2=8\sin\left(314t-\frac{\pi}{2}\right)$ A。

5. 已知正弦交流电流$i_1=3\sqrt{2}\sin\left(100\pi t+\frac{\pi}{6}\right)$ A，$i_2=4\sqrt{2}\sin\left(100\pi t-\frac{\pi}{3}\right)$A，在同一坐标系上画出其相量图，并计算：

（1）i_1+i_2。

（2）i_1-i_2。

§5－2 电容器和电感器

一、填空题（将正确的答案填在横线上）

1. 电容量是反映电容器__________能力的物理量。

2. 容抗是反映电容器_______________作用的物理量，容抗与频率成__________比，其值 X_C = ______________，单位是__________。

3. RC 电路的时间常数用__________表示，单位是__________。

4. 电容器的容抗与频率的关系可以概括为：_________直流，_________交流，________低频，________高频。因此，电容器也称为高通元件。

5. 电容器串联之后，相当于增大了_______________，所以总电容________于每个电容器的电容。

6. 电容器串联后，电容大的电容器分配的电压____________，电容小的电容器分配的电压___________。当两个电容量分别为 C_1、C_2 的电容器串联时，它们所分配的电压 U_1 = _______________，U_2 = ________________。

7. 电容器并联后，相当于增大了____________，所以总电容________于每个电容器的电容。

8. 电感是反映电感器________________________能力的物理量，感抗是反映电感___________作用的物理量，感抗与频率成________比，其值 X_L = ________________，单位是__________。

9. 实际的电感元件也存在电阻，在分析电路时可将其等效为一个______________与一个____________相串联。

10. 电感器的感抗与频率的关系可以概括为：_________直流，________交流，________低频，________高频。因此电感器也称为低通元件。

11. 电感器的品质因数（Q 值）在数值上等于电感器在某一频率的交流电压下工作时所呈现的__________________与__________________之比。Q 值越高，电感器储存的能量损耗率越________，效率越________。

二、判断题（在括号中填“√”或“×”）

1. 电容器是储存电压的容器。（　　）

2. 电容器接在直流电路中，容抗为零，电路相当于短路。（　　）

3. 电感器接在直流电路中，感抗为零，电路相当于短路。（　　）

4. 在同一交流电压作用下，电容 C 越大，电容器中的电流就越大。（　　）

5. 在同一交流电压作用下，电感 L 越大，电感器中的电流就越小。（　　）

6. 电容器两端的电压不能突变，电感器所通过的电流不能突变。（　　）

三、问答题

1. 分别用万用表欧姆挡来测量阻值较大的电阻器、电容器、电感线圈（其直流电阻可忽略）三种元件时，指针的偏转情况各有什么不同？

2. 当用万用表 R×1 k 挡检测较大容量的电容器时，出现下列现象，判断原因。

（1）测量时表针根本不动。

原因：

（2）测量时表针始终为 0，不回摆。

原因：

（3）表针有回摆，但最终回摆不到起始位置（即“∞”位置）。

原因：

四、计算题

1. 分别求出 100 pF 的电容器对 10^6 Hz 高频电流和 50 Hz 工频电流的容抗。

2. 若线圈的电感为0.6 H，把线圈接在频率为50 Hz的交流电路中，求该线圈的感抗。

§5-3 单一参数交流电路

一、填空题（将正确的答案填在横线上）

1. 纯电阻交流电路中，电压有效值与电流有效值之间关系为__________，电压与电流在相位上的关系为__________。

2. 纯电阻交流电路中，已知端电压 $u=311\sin(314t+30°)$ V，$R=1\ 000\ \Omega$，则电流 $i=$__________，电压与电流的相位差 $\varphi=$__________，电阻上消耗的功率 $P=$__________。

3. 平均功率是指__________，平均功率又称为__________。

4. 纯电感交流电路中，电压有效值与电流有效值之间的关系为__________，电压与电流在相位上的关系为__________。

5. 纯电感交流电路中，有功功率 $P=$__________，无功功率 Q_L 与电流 I、电压 U_L、感抗 X_L 的关系为：$Q_L=$__________ = __________ = __________。

6. 一个纯电感线圈若接在直流电源上，其感抗 $X_L=$__________，电路相当于__________。

7. 在正弦交流电路中，已知流过电感元件的电流 $I=10$ A，电压 $u=20\sqrt{2}\sin(1\ 000t)$ V，则电流 $i=$__________，感抗 $X_L=$__________，电感 $L=$__________，无功功率 $Q_L=$__________。

8. 纯电容交流电路中，电压有效值与电流有效值之间的关系为__________，电压与电流在相位上的关系为__________。

9. 纯电容交流电路中，有功功率 $P=$__________，无功功率 $Q_L=$__________ = __________ = __________。

10. 在正弦交流电路中，已知流过电容元件的电流 $I=10$ A，电压 $u=20\sqrt{2}\sin(1\ 000t)$ V，则电流 $i=$__________，容抗 $X_C=$__________，电容 $C=$__________，无功功率 $Q_C=$__________。

二、判断题（在括号中填"√"或"×"）

1. 纯电阻交流电路中，电压与电流相位相同。 （ ）

2. 纯电感交流电路中，电流滞后电压90°。 （ ）

3. 纯电感交流电路中，$\frac{U}{I}=X_L$，$\frac{U_m}{I_m}=X_L$。（　　）

4. 纯电感交流电路中，电压有效值不变，增加电源频率时，电路中电流将会减小。（　　）

5. 纯电容交流电路中，电流超前电压90°，这意味着电路中先有电流后有电压。（　　）

6. 纯电感交流电路和纯电容交流电路中，电流与电压的瞬时值之间都不符合欧姆定律。（　　）

7. 纯电容交流电路在一个周期内平均功率等于零，说明纯电容吸收的功率和释放的功率相等。（　　）

8. 电阻是耗能元件，电感和电容都是储能元件。（　　）

三、选择题（将正确选项填入括号中）

1. 正弦电流通过电阻元件时，下列关系式正确的是（　　）。

A. $I_m=\frac{U}{R}$　　B. $I=\frac{U}{R}$　　C. $i=\frac{U}{R}$　　D. $I=\frac{U_m}{R}$

2. 已知一个电阻上的电压 $u=10\sqrt{2}\sin\left(314t-\frac{\pi}{2}\right)$ V，测得电阻上所消耗的功率为20 W，则这个电阻的阻值为（　　）。

A. 5 Ω　　B. 10 Ω　　C. 40 Ω　　D. $5\sqrt{2}$ Ω

3. 纯电感交流电路中，已知电流的初相角为 -60°，则电压的初相角为（　　）。

A. 30°　　B. 60°　　C. 90°　　D. 120°

4. 纯电感交流电路中，当电流 $i=\sqrt{2}I\sin(314t)$ A 时，则电压为（　　）。

A. $u=\sqrt{2}IL\sin\left(314t+\frac{\pi}{2}\right)$ V　　B. $u=\sqrt{2}IL\sin\left(314t-\frac{\pi}{2}\right)$ V

C. $u=\sqrt{2}I\omega L\sin\left(314t+\frac{\pi}{2}\right)$ V　　D. $u=\sqrt{2}IL\sin\left(314t-\frac{\pi}{2}\right)$ V

5. 下列说法正确的是（　　）。

A. 无功功率是无用的功率

B. 无功功率是表示电感元件建立磁场能量的平均功率

C. 无功功率是表示电感元件与外电路进行能量交换的瞬时功率的最大值

D. 无功功率是功率的一种，单位为W

6. 纯电容交流电路中，增大电源频率时，其他条件不变，电路中电流将（　　）。

A. 增大　　B. 减小　　C. 不变　　D. 无法确定

7. 纯电容交流电路中，当电流 $i_C=\sqrt{2}I\sin\left(314t+\frac{\pi}{2}\right)$ A 时，电容上电压为（　　）。

A. $u_C=\sqrt{2}I\omega C\sin\left(314t+\frac{\pi}{2}\right)$ V　　B. $u_C=\sqrt{2}I\omega C\sin(314t)$ V

C. $u_C=\sqrt{2}I\frac{1}{\omega C}\sin(314t)$ V　　D. $u_C=\sqrt{2}I\frac{1}{\omega C}\sin\left(314t+\frac{\pi}{2}\right)$ V

8. 若电路中某元件两端的电压 $u=36\sin\left(314t-\dfrac{\pi}{2}\right)$ V，电流 $i=4\sin$（$314t$）A，则该元件是（　　）。

A. 电阻　　B. 电感　　C. 电容　　D. 无法确定

9. 加在容抗为 100 Ω 的纯电容两端的电压 $u_C=100\sin\left(\omega t-\dfrac{\pi}{3}\right)$ V，则通过它的电流应是（　　）。

A. $i_C=\sin\left(\omega t+\dfrac{\pi}{3}\right)$ A　　B. $i_C=\sin\left(\omega t+\dfrac{\pi}{6}\right)$ A

C. $i_C=\sqrt{2}\sin\left(\omega t+\dfrac{\pi}{3}\right)$ A　　D. $i_C=\sqrt{2}\sin\left(\omega t+\dfrac{\pi}{6}\right)$ A

四、问答题

1. 纯电阻、纯电感、纯电容三种交流电路中，电压和电流的相位关系是否相同？若不同，有什么区别？

2. 纯电感交流电路中，$\dfrac{U}{I}=X_L$、$\dfrac{U_m}{I_m}=X_L$，但为什么$\dfrac{u}{i}\neq X_L$？

五、计算题

1. 一个 220 V/500 W 的电炉丝接到 $u=220\sqrt{2}\sin\left(\omega t-\dfrac{2}{3}\pi\right)$ V 的电源上，求流过电炉丝的电流解析式，并画出电压、电流相量图。

2. 已知一个电感线圈通过 50 Hz 的电流时，其感抗为 10 Ω，电压和电流的相位差为 90°，求：当频率升高至 500 Hz 时，其感抗是多少？电压与电流的相位差又是多少？

3. 把电感为 10 mH 的线圈接到 $u=141\sin\left(314t-\dfrac{\pi}{6}\right)$ V 的电源上：

（1）求线圈中电流的有效值。

（2）写出电流瞬时值表达式。

（3）画出电流和电压相应的相量图。

（4）求无功功率。

4. 电容器的电容 $C=40$ μF，把它接到 $u=220\sqrt{2}\sin\left(314t-\dfrac{\pi}{3}\right)$ V 的电源上：

（1）求电容的容抗。

（2）求电流的有效值。

（3）求电流瞬时值表达式。

（4）画出电流、电压相量图。

（5）求电路的无功功率。

§5－4 RLC串联电路

一、填空题（将正确的答案填在横线上）

1．一个电感线圈接到电压为120 V的直流电源上，测得电流为20 A，接到频率为50 Hz、电压为220 V的交流电源上，测得电流为28.2 A，则线圈的电阻$R=$________，电感$L=$________。

2．在RL串联正弦交流电路中，已知电阻$R=6\ \Omega$，感抗$X_L=8\ \Omega$，则电路阻抗$Z=$________，电流的相位差$\varphi=$________，如果电压$u=20\sqrt{2}\sin\left(314t+\dfrac{\pi}{6}\right)$ V，则电流$i=$________，电阻上电压$U_R=$________，电感上电压$U_L=$________。

3．在RC串联电路中，已知电阻$R=8\ \Omega$，感抗$X_C=6\ \Omega$，则电路阻抗$Z=$________，电流的相位差$\varphi=$________，如果电压$u=20\sqrt{2}\sin\left(314t+\dfrac{\pi}{6}\right)$ V，则电流$i=$________，电阻上电压$U_R=$________，电容上电压$U_C=$________。

4．已知某交流电路中，电源电压$u=100\sqrt{2}\sin\left(\omega t-\dfrac{\pi}{6}\right)$ V，电路中通过的电流$i=10\sqrt{2}\sin\left(\omega t-\dfrac{\pi}{2}\right)$ A，则电压和电流之间的相位差是________，电路的功率因数$\cos\varphi=$________，电路中消耗的有功功率$P=$________，电路的无功功率$Q=$________，电源输出的视在功率$S=$________。

5．RLC串联电路发生谐振的条件是________。谐振时的谐振频率品质因数$Q=$________，串联谐振又称________。

6．在发生串联谐振时，电路中的感抗与容抗________，此时电路中阻抗最________，电流最________，总阻抗$Z=$________。

7．有一RLC串联电路，用电压表测得电阻、电感、电容上电压均为10 V，用电流表测得电流为10 A，此电路中$R=$________，$P=$________，$Q=$________，$S=$________。

二、判断题（在括号中填"√"或"×"）

1．在RLC串联电路中，测得$U_R+U_L+U_C$不等于端电压，说明测量数据错误。（ ）

2．在RLC串联电路中，感抗和容抗越大，电路中的电流就越小。（ ）

3．在RLC串联电路中，U_R、U_L和U_C都有可能大于端电压。（ ）

4．当RLC串联电路成感性时，总电压与电流间的相位差应小于0。（ ）

三、选择题（将正确选项填入括号中）

1．两只同规格的无铁芯线圈，分别加上220 V的直流电压与220 V的交流电压，可以发现（ ）。

A. 由于是同一元件，$U_{直}=U_{交}$，所以发热一样快

B. 无法比较两线圈发热快慢

C. 加交流电压时发热快

D. 加直流电压时发热快

2. RLC 串联电路的已知条件如下，只有（　　）属于电感性电路。

A. $R=5\ \Omega$，$X_L=7\ \Omega$，$X_C=4\ \Omega$　　B. $R=5\ \Omega$，$X_L=4\ \Omega$，$X_C=7\ \Omega$

C. $R=5\ \Omega$，$X_L=4\ \Omega$，$X_C=4\ \Omega$　　D. $R=5\ \Omega$，$X_L=5\ \Omega$，$X_C=5\ \Omega$

3. 在 RLC 串联电路中，已知 $X_L=X_C=20\ \Omega$，$R=20\ \Omega$，总电压有效值为 220 V，则电感上电压为（　　）。

A. 0　　B. 220 V　　C. 73.3 V　　D. 380 V

4. 在 RLC 串联电路中，端电压与电流的相量图如图 5－4 所示，这个电路是（　　）。

A. 电感性电路　　B. 纯电感电路

C. 电阻性电路　　D. 电容性电路

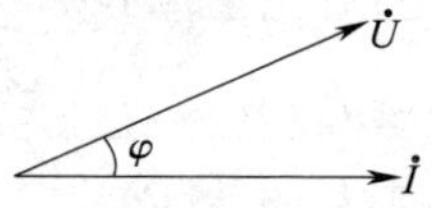

图 5－4

5. 在 RLC 串联交流电路中，电源电压不变，调节电容，下列说法正确的是（　　）。

A. 随电容调小，$\frac{X_L}{X_C}$变大　　B. 随电容调小，$\frac{X_L}{X_C}$变小

C. 随电容调大，电路阻抗变小　　D. 随电容调大，电路电流变小

6. 在 RLC 串联电路中，视在功率、有功功率、无功功率的关系是（　　）。

A. $S=P+Q_L+Q_C$　　B. $S=P+Q_L-Q_C$

C. $S^2=P^2+(Q_L-Q_C)^2$　　D. $S^2=P^2+(Q_L+Q_C)^2$

7. 一阻值为 3 Ω、感抗为 4 Ω 的电感线圈接在交流电路中，其功率因数为（　　）。

A. 0.3　　B. 0.6　　C. 0.5　　D. 0.4

8. 纯电容电路的功率因数（　　）。

A. 大于 0　　B. 小于 0　　C. 等于 0　　D. 大于等于 0

四、计算题

1. 把一个电阻为 20 Ω、电感为 48 mH 的线圈接到 $u=220\sqrt{2}\sin\left(314t+\frac{\pi}{2}\right)$ V 的交流电源上，求：

（1）线圈的感抗。

（2）线圈的阻抗。

（3）电流的有效值。

（4）电流的瞬时值表达式。

（5）线圈的有功功率、无功功率和视在功率。

2．把一个 60 Ω 的电阻器和 125 μF 的电容器串联后接到 $u = 110\sqrt{2}\sin\left(100t + \frac{\pi}{2}\right)$ V 的交流电源上，求：

（1）电容的容抗。

（2）电路的阻抗。

（3）电流的有效值。

（4）电流的瞬时值表达式。

（5）电路的有功功率、无功功率和视在功率。

（6）功率因数。

（7）若将 RC 串联电路改接到 110 V 直流电源上，则电路中电流为多少？

3．一个线圈和一个电容器相串联，已知线圈的电阻 $R = 4$ Ω，$X_L = 3$ Ω，外加电压 $u = 220\sqrt{2}\sin(314t + 45°)$ V，$i = 44\sqrt{2}\sin(314t + 84°)$ A，求：

（1）电路的阻抗。

（2）电路的容抗。

（3）U_R、U_L 及 U_C 的值，并画出相量图。

（4）电路的有功功率、无功功率和视在功率。

4. 实际的电感线圈可以通过测量电压和电流的方法求得其电阻和电感。给线圈加上$U=36$ V的直流电压时，测得流过线圈的直流电流$I=0.6$ A；给线圈加上工频220 V的交流电压时，测得流过线圈的交流电流有效值$I=2.2$ A。求该线圈的电阻R和电感L。

5. 在RLC串联电路中$R=1$ Ω，$L=100$ mH，电容$C=0.1$ μF，外加电压有效值$U=1$ mV，求：

（1）电路的谐振频率。

（2）谐振时的电流。

（3）回路的品质因数和电容器两端的电压。

五、实验题

1. 如图 5－5 所示，灯泡与镇流器串联的实验电路中，用万用表的交流电压挡测量电路各部分的电压，测得的结果是：电路端电压 $U=220$ V，灯泡两端电压 $U_1=110$ V，镇流器两端电压$U_2=190$ V，$U_1+U_2>U$，怎样解释这个实验结果？

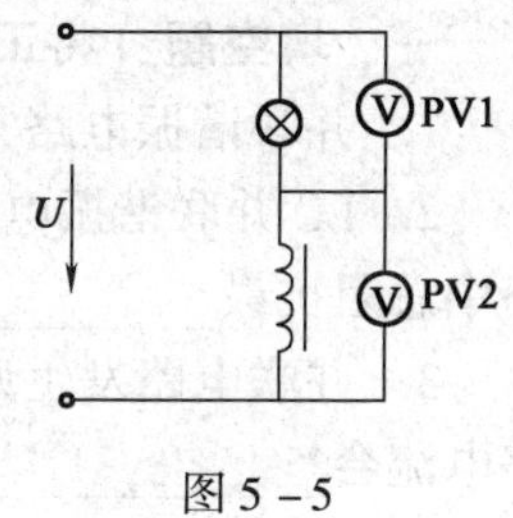

图 5－5

2. 现有实验器材：低频信号发生器一台，100 Ω 电阻器一只，3 300 μH 电感线圈一只，3 300 pF 电容器一只，电容器箱一个，交流电流表一只，交流毫伏表一只。

（1）画出串联谐振电路实验原理图。

（2）当电路参数固定时，需要调节__________来实现谐振；当信号源频率不变的情况下，应改变__________来实现谐振。

（3）连接好实验电路，调节信号源输出电压至 2 V，使其频率在 40 Hz～60 kHz 范围内逐渐变化，当电流表读数为__________时，电路谐振。

（4）调节信号源输出电压至 2 V，频率为 50 Hz，改变电容器箱电容量，当电流表读数为__________时，电路谐振。

§5-5 RLC 并联电路

一、填空题（将正确的答案填在横线上）

1. 并联谐振电路常用于________________________的场合。

2. LC 并联谐振电路发生谐振时，其谐振频率 $f_0=$__________，此时，电路中总阻抗最________，总电流最________。

3. 并联电路发生谐振时，品质因数 $Q=$__________，此时，电感或电容支路电流会________总电流，所以并联谐振又称________。

4. 在电源电压一定的情况下，对于相同功率的负载，功率因数越低，电流越____，供电线路上的电压降和功率损耗也越____。

5. 比较串、并联谐振电路的特点，在表 5-2 中填写相关内容。

表 5-2

项目 类型	X_L与X_C的大小关系	总阻抗	总电流（压）	品质因数	总电流（压）与品质因数的关系	谐振频率
串联谐振						
并联谐振						

6. 根据表 5-3 中已知数据填空。

表 5-3

项目 类型	规格	功率因数	线路电阻	功率损耗
白炽灯	220 V/40 W	1	5 Ω	
荧光灯	220 V/40 W	0.4	5 Ω	

二、选择题（将正确选项填入括号中）

1. 电阻、电感串联后再与电容并联的电路发生谐振时，RL 支路电流（　　）总电流。

A. 大于　　B. 小于　　C. 等于

2. 电阻、电感串联后再与电容并联的电路中，改变电容使电路发生谐振时，电容支路电流（　　）总电流。

A. 大于　　B. 小于　　C. 等于

3. 在感性负载两端并联电容器后，阻抗角（　　）。

A. 减小　　B. 增大　　C. 不变

4. 图 5-6 所示功率因数表的读数表明电路呈（　　）。

A. 电容性　　B. 电感性　　C. 电阻性

图 5-6

5. 电力系统负载大部分是感性负载，要提高电力系统的功率因数常采用（　　）。

A. 串联电容补偿　　　　B. 并联电容补偿

C. 串联电感补偿　　　　D. 并联电感补偿

6. 阻值为6 Ω的电阻与容抗为8 Ω的电容串联后接在交流电路中，功率因数为（　　）。

A. 0.6　　B. 0.8　　C. 0.5　　D. 0.3

7. 当电源容量一定时，功率因数值越大，说明电路中用电设备的（　　）。

A. 无功功率越大　　　　B. 有功功率越大

C. 有功功率越小　　　　D. 视在功率越大

三、问答题

感性负载串联电容可以提高功率因数吗？为什么在实际电路中不采用串接电容的方法来提高功率因数？

四、计算题

如图5－7所示并联谐振电路中，电容 $C=10$ pF，电流品质因数 $Q=50$，谐振频率 $f_0=37$ mHz，谐振时电路中电流 $I_0=10$ mA。求：

（1）电感。

（2）流过电感和电容的电流。

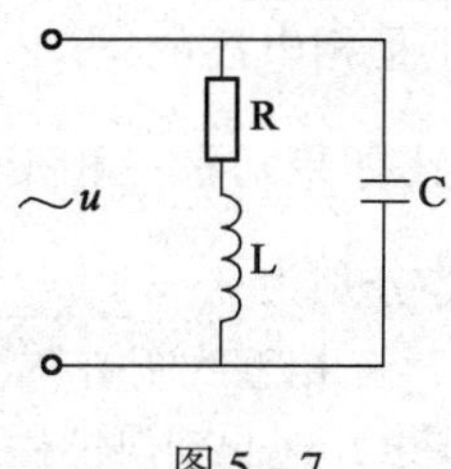

图5－7

第六章　三相交流电路

§6－1　三相交流电源

一、填空题（将正确的答案填在横线上）

1．三相交流电就是三个单相交流电按一定方式进行的组合，这三个单相交流电的频率相________，最大值相________，相位彼此相差__________。三相电动势到达最大值的先后次序称为______。

2．将三相发电机中三相绕组的三个末端连接在一起，成为一个公共点（称为________点，简称____________点），三个始端引出作输出线，这种连接方式称为__________形连接。从三个线圈始端 U1、V1、W1 引出的三根线称为____________线或____________线（俗称________线）。从______点引出的输电线称为中性线，简称________。中线通常与大地相接，并把接地的中性点称为________点，而把接地的中性线称为________线。由三根相线和一根中线所组成的输电方式称为____________制。

3．相线与________线之间的电压称为电源的线电压。分别用________、________、________表示；相线与______点之间的电压称为电源的相电压，分别用______、______、______表示，规定相电压的参考方向为________端指向________端。线电压的大小是相电压的______倍，线电压总是超前于对应的相电压________。

4．如果对称三相交流电源的 U 相电动势 $e_U = E_m\sin\left(314t+\frac{\pi}{6}\right)$ V，那么其余两相电动势分别为 e_V = ____________________________V，e_W = ____________________V。

5．三相五线制是在三相四线制的基础上，另增加一根______________线与接地网相连，能更好地起到保护作用。三相三线制主要用于____________线路和___________线路。

6．一插座如图 6－1 所示，在框中填写各孔相应接线的名称。

图 6－1

二、判断题（在括号中填“√”或“×”）

1．一个三相四线制供电线路中，若相电压为220 V，则电路线电压为311 V。（　　）

2．两根相线之间的电压称为相电压。（　　）

3．当三相负载越接近对称时，中线电流就越小。（　　）

4．三相交流电源是由频率、有效值、相位都相同的三个单个交流电源按一定方式组合起来的。（　　）

5．三相三线制供电只能向三相用电器供电，不能向单相用电器供电。（　　）

6．三相电源绕组作星形连接时，线电压总是超前于对应的相电压30°。（　　）

三、选择题（将正确选项填入括号中）

1．某三相对称电源电压为380 V，则其线电压的最大值为（　　）。

A．$380\sqrt{2}$ V　　B．$380\sqrt{3}$ V　　C．$380\sqrt{6}$ V　　D．$\frac{380\sqrt{2}}{\sqrt{3}}$ V

2．已知对称三相电压中，V相电压为 $u_V=220\sqrt{2}\sin(314t+\pi)$ V，则U相和W相电压为（　　）。

A．$u_U=220\sqrt{2}\sin\left(314t+\frac{\pi}{3}\right)$ V　$u_W=220\sqrt{2}\sin\left(314t-\frac{\pi}{3}\right)$ V

B．$u_U=220\sqrt{2}\sin\left(314t-\frac{\pi}{3}\right)$ V　$u_W=220\sqrt{2}\sin\left(314t+\frac{\pi}{3}\right)$ V

C．$u_U=220\sqrt{2}\sin\left(314t+\frac{2\pi}{3}\right)$ V　$u_W=220\sqrt{2}\sin\left(314t-\frac{2\pi}{3}\right)$ V

D．$u_U=220\sqrt{2}\sin\left(314t-\frac{2\pi}{3}\right)$ V　$u_W=220\sqrt{2}\sin\left(314t+\frac{2\pi}{3}\right)$ V

3．三相交流电相序U—V—W—U属（　　）。

A．正序　　B．负序　　C．零序　　D．倒序

4．在如图6－2所示三相四线制电源中，用电压表测量电源线的电压以确定零线，测量结果 $U_{12}=380$ V，$U_{23}=220$ V，则（　　）为零线。

A．1号　　B．2号　　C．3号　　D．4号

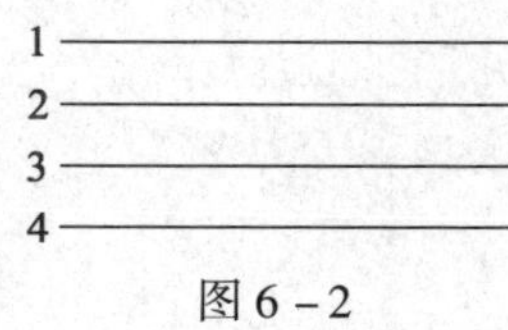

图6－2

5．关于三相交流发电机，下列说法中正确的是（　　）。

A．三相交流发电机只能同时输出三相交流电

B．三相交流发电机在任何情况下都必须用三根相线和一根中性线向外输电

C．三相交流发电机在任何情况下都无法输出单相交流电

D．如果三相负载完全相同，三相交流发电机可以用三根相线向外输电

6．关于三相交流电，下列说法中正确的是（　　）。

A. 相电压一定大于线电压

B. 相电压一定小于线电压

C. 相电流一定小于线电流

D. 以上说法都不对

7. 已知某三相发电机绕组连接成星形时的相电压 $u_U = 220\sqrt{2}\sin(314t + 30°)$ V，$u_V = 220\sqrt{2}\sin(314t - 90°)$ V，$u_W = 220\sqrt{2}\sin(314t + 150°)$ V，则当 $t = 10$ s 时，它们之和为(　　)。

A. 380 V　　B. 0　　C. $380\sqrt{2}$ V　　D. $\frac{380\sqrt{2}}{\sqrt{3}}$ V

8. 三相四线制供电的相电压为 200 V，则与线电压最接近的值为（　　）。

A. 280 V　　B. 346 V　　C. 250 V　　D. 380 V

四、问答题

1. 有人认为，在供电线路中，零线就是接地的中性线，完全可以起到保护作用，因此家用单相三孔插座中的地线可有可无，不连接也不影响电器的正常使用。这种说法正确吗？为什么？

2. 三相四线制供电系统可提供哪几种电压？它们的关系是什么？我国低压供电系统中的这些电压分别是多少伏？

3. 现有一个测电笔或者一个量程为500 V的交流电压表，如何确定三相四线制供电线路中的相线和中线？简述方法。

五、计算题

发电机的三相绕组接成星形，其中某两根相线间的电压 $u_{UV}=380\sqrt{2}\sin(\omega t-30°)$ V，写出所有相电压和线电压的解析式。

§6－2 三相负载的连接方式

一、填空题（将正确的答案填在横线上）

1. 三相对称负载作星形连接时，$U_{YP}=$______U_L，且 $I_{YP}=$____I_{YL}，此时中性线电流为__________。

2. 三相对称负载作三角形连接时，$U_L=$______$U_{\triangle P}$，且 $I_{\triangle L}=$______$I_{\triangle P}$，各线电流比相应的相电流______________。

3. 三相对称电源线电压 $U_L=380$ V，对称负载每相阻抗 $Z=10\ \Omega$，若接成星形，线电流 $I_L=$_______；若接成三角形，则线电流 $I_L=$_________。

4. 对称三相负载不论是接成星形还是三角形，其总有功功率均为 $P=$___________，无功功率 $Q=$______________，视在功率 $S=$____________。

5. 某对称三相负载，每相负载的额定电压为220 V，当三相电源的线电压为380 V时，负载应作__________连接；当三相电源的线电压为220 V时，负载应作__________连接。

6. 在电源不变的情况下，对称三相负载接成三角形和接成星形做比较，有 $I_{\triangle P}=$ ________ I_{YP}，$I_{\triangle L}=$ __________ I_{YL}，$P_{\triangle}=$ __________ P_{Y}。

7. 如图6-3所示三相对称负载，若电压表PV1的读数为380 V，则电压表PV2的读数为__________；若电流表PA1的读数为10 A，则电流表PA2的读数为__________。

8. 如图6-4所示三相对称负载，若电压表PV1的读数为380 V，则电压表PV2的读数为__________；若电流表PA1的读数为10 A，则电流表PA2的读数为__________。

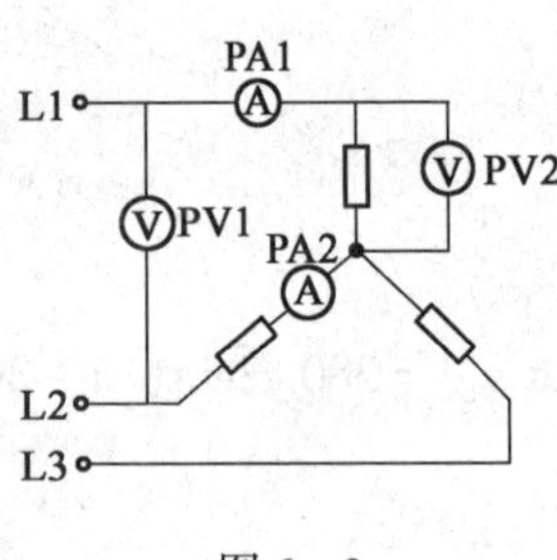

图6-3

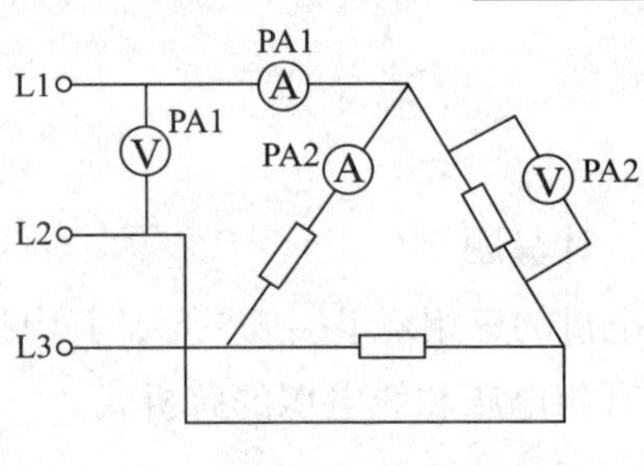

图6-4

9. 用钳形电流表测量三相三线负载（如三相异步电动机）的电流时，同时钳入两条导线，如图6-5a所示，则所指示的电流值应为__________的电流。若是在三相四线制系统中，同时钳入三条相线测量，如图6-5b所示，则指示的电流值为__________的电流。

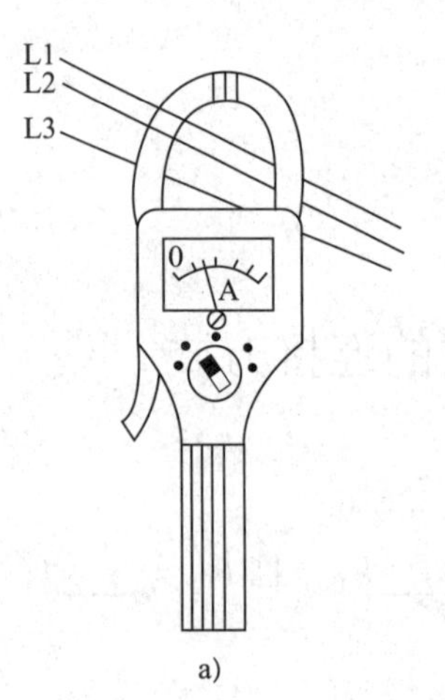

a)

b)

图6-5

二、判断题（在括号中填"√"或"×"）

1. 三相对称负载的相电流是指电源相线上的电流。（ ）

2. 在对称负载的三相交流电路中，中性线上的电流为零。（ ）

3. 三相对称负载接成三角形时，线电流的有效值是相电流有效值的$\sqrt{3}$倍，且相位

比相应的相电流超前 30°。（ ）

4．一台三相电动机，每个绕组的额定电压是 220 V，现三相电源的线电压是 380 V，则这台电动机的绕组应连成三角形。（ ）

5．三相不对称负载作星形连接时，为了使各相电压保持对称，必须采用三相四线制。（ ）

6．三相对称负载作三角形连接，若每相负载的电阻为 10 Ω，接在线电压为 380 V 的三相交流电路中，则电路的线电流为 38 A。（ ）

7．在负载对称的三相电路中，无论是星形连接，还是三角形连接，电路的平均功率均为 $P=\sqrt{3}U_{\mathrm{L}}I_{\mathrm{L}}\cos\varphi$。（ ）

8．在三相四线制不对称的电路中，一相负荷短路或断开，另外两相负荷不能正常工作。（ ）

三、选择题（将正确选项填入括号中）

1．如图 6－6 所示，3 个对称负载由不计内阻的三相交流电源供电，若 L3 断开，则电流表和电压表的读数变化是（ ）。

A．电流表读数变小，电压表读数不变

B．电流表读数不变，电压表读数变大

C．电流表、电压表读数都变小

D．电流表、电压表读数都不变

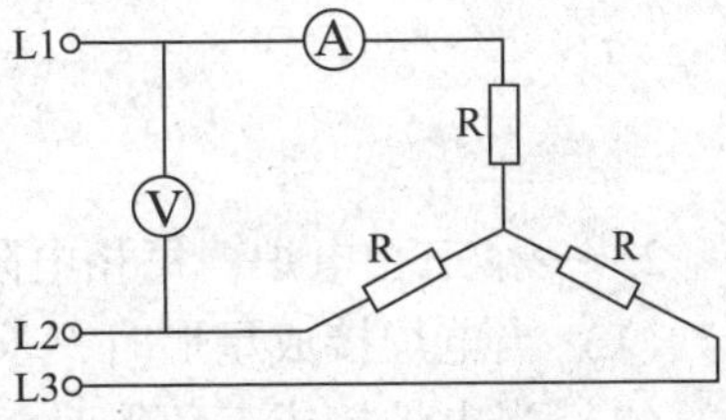

图 6－6

2．三相电源星形连接，三相负载对称，则（ ）。

A．三相负载三角形连接时，每相负载的电压等于电源线电压

B．三相负载三角形连接时，每相负载的电流等于电源线电流

C．三相负载星形连接时，每相负载的电压等于电源线电压

D．三相负载星形连接时，每相负载的电流等于线电流的 $\frac{1}{\sqrt{3}}$

3．同一三相对称负载接在同一电源中，作三角形连接时三相电路相电流、线电流、有功功率分别是作星形连接时的（ ）倍。

A．$\sqrt{3}$、$\sqrt{3}$、$\sqrt{3}$　　B．$\sqrt{3}$、$\sqrt{3}$、3

C．$\sqrt{3}$、3、$\sqrt{3}$　　D．$\sqrt{3}$、3、3

4．如图 6－7 所示，三相电源线电压为 380 V，$R_1=R_2=R_3=10\ \Omega$，则电压表和电流表的读数分别为（ ）。

A．220 V、22 A　B．380 V、38 A

C．380 V、38 $\sqrt{3}$A

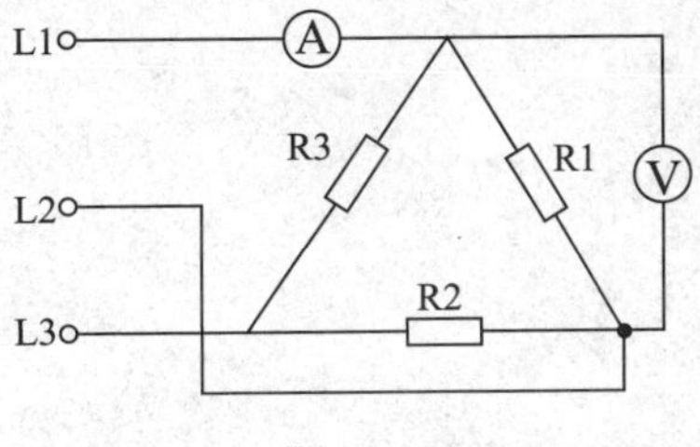

图 6－7

5．三相对称负载作三角形连接时，相电流是 10 A，则线电流最接近的值是（ ）。

A．14 A　B．17 A　C．7 A　D．20 A

6．同一电源中，三相对称负载作三角形连接时，消耗的功率是它作星形连接时

的（　　）。

A. 1 倍　　B. $\sqrt{2}$倍　　C. $\sqrt{3}$倍　　D. 3 倍

四、计算题

1. 在线电压为 220 V 的对称三相电路中，每相接 220 V/60 W 的灯泡 20 盏，自行考虑灯泡应接成星形还是三角形，画出连接电路图并求各相电流和各线电流。

2. 一个三相电炉，每相电阻为 22 Ω，接到线电压为 380 V 的对称三相电源上。

（1）当电炉接成星形时，求相电压、相电流和线电流。

（2）当电炉接成三角形时，求相电压、相电流和线电流。

3. 对称三相负载作三角形连接，其各相电阻 $R=8\ \Omega$，感抗 $X_L=6\ \Omega$，将它们接到线电压为 380 V 的对称电源上，求相电流、线电流及负载的总有功功率。

五、问答题

1．将图 6－8 中三组三相负载分别按三相三线制星形、三相三线制三角形和三相四线制星形连接，接入供电线路。

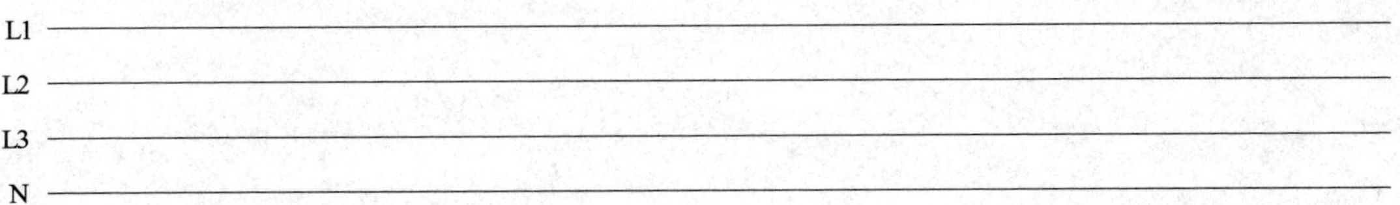

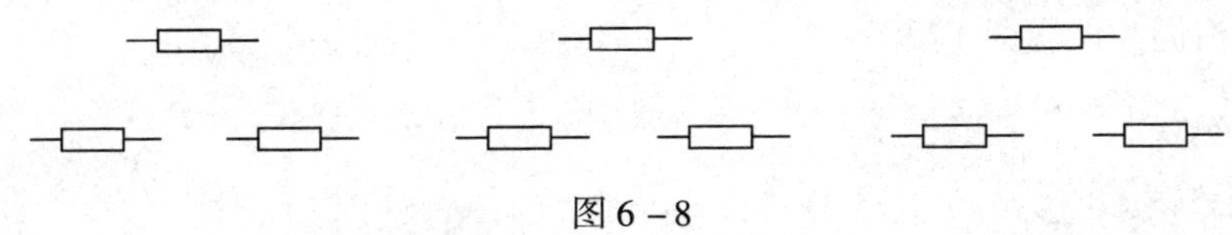

图 6－8

2．图 6－9 所示电路中，发电机每相电压为 220 V，每只灯泡的额定电压都是 220 V，指出本图连接中的错误，并说明错误的原因。

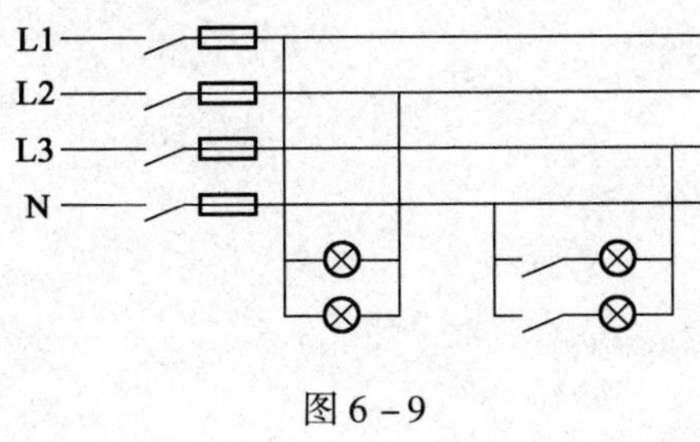

图 6－9

3．有一块实验底板如图 6－10 所示，应如何连接才能将灯泡负载接入线电压为 380 V 的三相电源上（每相两盏灯）？

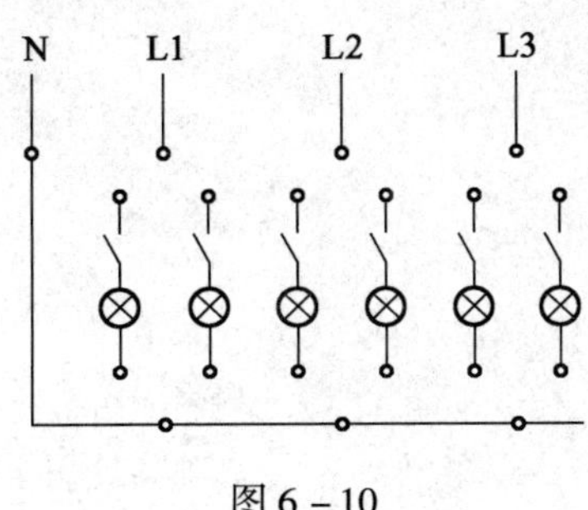

图 6－10

4．连接好上题线路后，在 L1 相开一盏灯，L2 相、L3 相均开两盏灯，这时若连接好中性线，灯泡能正常发光吗？

5．实验底板和上题相同，三相电源的线电压为 220 V，应如何连接才能使灯泡正常发光（每相仍为两盏灯）？